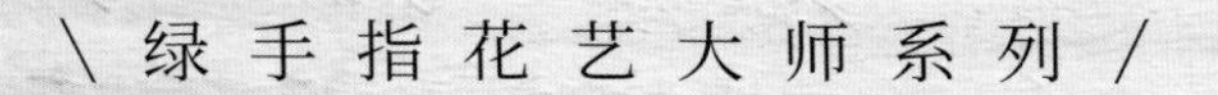

花植风格设计课

[美]霍莉·贝克尔　[加]莱斯利·谢林○著　顾向明○译

长江出版传媒　湖北科学技术出版社

图书在版编目（CIP）数据

花植风格设计课 /（美）霍莉·贝克尔，（加）莱斯利·谢林著；顾向明译 . — 武汉：湖北科学技术出版社，2021.5
（绿手指花艺大师系列）
ISBN 978-7-5706-1354-0

Ⅰ . ①花… Ⅱ . ①霍… ②莱… ③顾… Ⅲ . ①花卉装饰 – 室内装饰设计 Ⅳ . ① TU238

中国版本图书馆 CIP 数据核字(2021) 第061788号

花植风格设计课
HUA ZHI FENGGE SHEJI KE

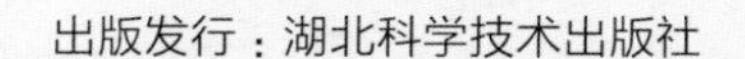

责任编辑：魏　珩　张荔菲
美术编辑：胡　博

出版发行：湖北科学技术出版社
地　　址：湖北省武汉市雄楚大道268号湖北出版文化城 B 座13—14楼
邮　　编：430070
电　　话：027-87679468
网　　址：www.hbstp.com.cn
印　　刷：中华商务联合印刷（广东）有限公司
邮　　编：518111
开　　本：880 × 1092　1/16　9印张
版　　次：2021年5月第1版
印　　次：2021年5月第1次印刷
字　　数：144千字
定　　价：78.00元

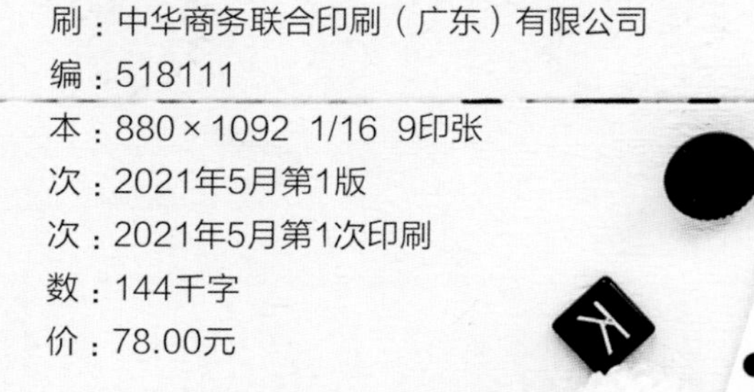

谨以此书献给我们的母亲们——克丽丝廷和安纪子。在她们潜移默化的影响下，我们心中埋下了花的种子，这份热爱一直激励着我们前行。

自 序

作为设计师，我们经常会用花来装饰居室或布置特定场景，以期能带来一些意料之外的惊喜。同大多数人一样，我们并不是受过专业培训的花艺师，只是真心喜欢花，并且敢于尝试而已。希望这本书可以激励更多人追求自己喜爱的事物。

鲜花之所以令人着迷，不仅仅是因为它们拥有缤纷的色彩、各异的形态、多样的质地和芬芳的气味，更是由此而不断地激发着我们的灵感。鲜花让幸福感变得唾手可得，一捧只需几分钟就可以完成的花束能瞬间让我们愉悦起来。许多重要的场合中都会有鲜花的身影，甚至可以说，一场没有鲜花的晚宴是不完美的，它们是烘托氛围的绝佳选择。此外，鲜花还常用来传递爱意、表达感谢、分享喜悦、鼓舞士气，以及抚慰心灵。花不同于其他商品，它不仅承载了人与人之间的情感，也连接着我们与大自然。正因如此，才有不少人热衷于用鲜花装饰生活空间。

我们将对花植和室内设计的热爱融为一体，创作了这本书。这一切，要归功于我们的母亲们，是她们将自己对园艺和花艺的热爱传递给了我们。在我出生前，母亲就接受了多年的花艺专业培训，她甚至承包了我整个婚礼的花艺设计。直到现在，她仍可以快速且漂亮地完成整场花艺空间布置。莱斯利的妈妈同样是位花艺爱好者，她是日裔加拿大人，深刻理解并尊重大自然，且热衷于与后辈们分享她对园艺和花艺的热爱。莱斯利在很小的时候就已经开始学习如何种植和培育鲜花，以及如何以自然的姿态将它们赏心悦目地呈现出来。这正是日本花艺所追求的纯粹，而这种善于塑造简洁时尚风格的才华通常出自本能。

市面上已经有很多高品质的花艺图书了（不论是入门级的，还是专业级的），我们并不奢望这本书能够取代它们。实际上，我们自己就收藏了不少很棒的花艺书。

对于插花教学，莱斯利和我都不打算讲述得过于专业。在装饰自己的家或者为客户设计作品时，我们常常会随心设计，更多时候甚至是即兴发挥。比如去花市或杂货店逛逛，我们俩就立刻知道该买哪些花回家，把它们摆放在哪里即可呈现最佳效果。一回到家，我们就忙着拆包装、剪花枝，凭借直觉组合它们。对我们而言，这是很轻松的事，但对别人来说，可能并不那么容易，而这，正是我们创作这本书的原因。我们的目的是分享一些技巧和诀窍，帮助大家快速处理价格友好、易于寻觅的花朵。我们创作并汇总出八个不同风格主题的花艺

作品，通过走进风采各异的室内环境，来教大家要如何设计与摆放花材。此外，我们还分享了一些如何挑选和制作花器的方法，其中还包括几个实例。分步教学，让大家在家里便可以轻松尝试。

我们衷心希望这本书能给大家带来新的思路，消除大家在花艺设计时的胆怯心理，不再束手束脚。我们不愿墨守成规，所以当你翻开此书，我们可以保证，这是一场启发灵感之旅。

愿你乐在其中！

霍莉和莱斯利

目录 CONTENTS

纸或棕色购物纸袋
（用来保护台面）
鲜花和绿植
金属篮
花瓶和花罐
花剪
各种绳线
透明胶带

我们的橱柜里有什么?

若你经常进行居家装饰或者制作插花作品，久而久之，你便会拥有一套合心且顺手的必备工具了。

对设计师来说，由于要前往不同的场所进行设计，因此，对于工具的取舍，我们的建议是保持简单!

繁忙奔波的日子，我们常常没有充足的时间和空间来整理和携带工具。通常，我和莱斯利只带上各自最喜欢用的工具，到达地点后，再结合房主手头的工具来进行操作。在自己的工作室忙碌时，我们的工具柜里也仅存放日常使用的工具。

收藏工具，就像其他任何爱好一样，很容易就会收集得越来越多。然而，那些昂贵、华丽的工具中，仅有小部分会真正拿来使用。专业插花师会配备全套用品，从花插到花用黏合剂等。但是和大部分人一样，我们并不是花艺从业者，所以我们选择的都是大家负担得起，而且实用、高效的工具。

工具的存放有几点需要注意：一是务必保持工具的整洁，使其处于最佳状态（花剪要锋利！）；二是摆放要有条理，并将各个工具单独存放（比如按色彩整理彩带并放在透明容器中）。这样，即便你只有十分钟的准备时间，也不必手忙脚乱，能够快速、准确地拿取物品，将绣球、大波斯菊及忍冬组合成花束迎接客人。

以下是一些实用工具，你会经常使用到：

★棕色纸、杂货店纸袋或者报纸。在准备阶段用来保护台面。

★鲜花保鲜剂。购买鲜花时商家通常会赠送。

★金属篮。使用后用几滴漂白剂即可清理干净。

★抹布。用于清理台面或去除茎、叶上的刺。

★花用胶带。绑花束时使用，拉伸后黏性更强。颜色选择透明或绿色的。

★花剪。花剪应该是大家投入最多精力及财力购买的工具之一了。我们喜欢使用日式花剪，如左页图片中黑色手柄那把。

★透明胶带。用于固定植物的位置。

★修枝剪。用来修剪枝条。记住要以一定角度修剪。在茎末端剪个十字切口吸水会更快。

★绳线。用来固定和装饰，有很多选择。

★各种尺寸的果酱瓶及其他任何防水透气的容器，比如茶叶罐、篮筐。

★各种花瓶。

★橡皮筋。用来捆绑花茎。

★绿色和白色的花环骨架。

★各种金属丝。在骨架上制作花环时会用到。

★金属丝衣架（见 P36～37）。

★回形针（可选）。

挑选鲜花

没有什么比在花店、杂货店或者花市搜寻鲜花更让人快乐的事了。你也可以在自家阳台、花坛或者花园里寻觅你的最爱。不管是采摘还是购买，了解如何挑选、预处理，以及使用这些盛开的鲜花都很有必要。我们归纳了几个要点，这些要点是经我们反复尝试所总结的，希望能对大家有所裨益。

如何挑选

我们在看见精美称心的植物时，很容易一时激动就把它们带回家。此时，我们需要记住一点——在店里看起来生机勃勃的花并不一定是新鲜的。有些花可能在你将它们带回家后一天内就枯萎了。要是不想浪费金钱和时间，选花时切记以下几点。

★直接触摸花托，看看它们是否紧实、饱满。玫瑰的花托越紧实，花朵就越新鲜。如果想要花开得更盛，就挑花托不太紧实的。在做室内插花或者婚礼插花造型时，就需要使用盛放的鲜花来传达那份美好和感情。小诀窍：把花插入温水中可以让花开得更快。

★如果花瓣呈现半透明状、有棕色斑点、下垂或者枝叶破损，那么就需要去挑选更好的花材。

★挑选叶嫩色绿的植物。

★有些花可以通过摇一摇来确认新鲜程度。如果摇一摇花瓣就像雪花一样纷纷坠落，那么这朵花就已经残败了。

★如果需要在花园里采摘鲜花，请尽量避免在烈日当空的时候进行——要么晚一点，要么在大清早采摘。早晚时刻的花状态最佳，正午时分的花很容易打蔫。要想花长时间保持良好的状态，采摘的时间至关重要。

★在室外采摘时，也要预防被昆虫叮咬。有些花天生就爱招引这些小小的不速之客，但你肯定不想它们也跟你一起回家。同时还要注意花旁边的野草，比如有毒的常青藤或扎人的荨麻。

★注意花材的汁液。店里买的花一般已经过处理。如果是直接从花园里采摘的，一些花（比如水仙），茎叶里的汁液会对其他花材产生负面影响。这种情况的最佳解决方法是在夜间将它们分开放置，待到早晨再搭配。

★为特别晚宴准备的花通常需要提前一天购买，因为花店里的花通常都储存在鲜花保鲜柜里，而有些花需要室温放置一天才会开放。前一天晚上将其插好放在餐桌上，晚宴时便能看到盛开的鲜花。

准备技巧

★去掉包装纸、皮筋、扎带，修剪受伤和枯萎的花叶。

★以45°角剪切花茎，这样鲜花会吸收更多的水。然后将鲜花放入干净的桶中，桶里放好温热的水。专业人士建议在流水下剪切，这样花茎可以吸收更多的水。花茎要留得尽可能长，因为你并不知道它将会被怎样用到，也许你选的容器刚好需要花的茎长一些。

★花材分枝过多时，以45°角剪掉部分分枝。然后在花茎末端剪个十字切口以利吸收更多的水。

★去掉浸没在水下的枝叶。枝叶一旦浸入水中，会聚集微生物，导致枝叶腐烂。

★要是花材上有刺，可以用花剪或小剪刀将之去除。

★要想快速去除叶片，戴上园艺手套，手握微湿的抹布顺着花茎快速往下撸就搞定了。

月季
‘约翰·施特劳斯’
大花葱
芍药
‘莎拉·伯恩哈特’
绣球‘石灰灯’
芍药
‘魅力珊瑚’
西班牙薰衣草
水苏

花材的分类

了解花材的分类和各自的用法，在插花时颇有裨益。以下是专业人士概括出的分类。

★主枝：提供了良好的造型基础。网格插花中，纵横交错的花茎为鲜花各居其位提供了绝佳方式。这是插花时首先要布置的花材。

★主花：它们占据着最重要的位置，是能让人驻足欣赏的大朵花，也是人们关注的焦点。不是所有的插花作品都需要主花，但主花可以让花束在视觉上增色不少。这是其次需要布置的花材。

★配花：比主花要小些，用于丰富插花造型，填补空白空间。

★点缀花：小型花、浆果类、绿叶类及香草等可以用来填补空间、为主花和配花提供结构支持的部分。

颜色、大小和形状

★在插花时，如果你想进行色彩搭配，却又不知从何入手，不妨把你的家当作灵感的第一来源。配色的关键是使鲜花与家居环境融为一体，而不是与环境冲突。遵循这一配色原则，你将不会出错。你可以问问自己，想突出房间里的哪些颜色？是厨房的橙色和红色？还是想添一点亮色，比如黄色？最好在去花店之前做出选择。

★尝试不同大小和形状的花材。花材形态多样，有扁平状的、圆拱状的，还有浪漫的螺旋状，以及华丽的叠瓣状，等等。有些花瓣边缘是尖的，比如：大丽花，线条感强；唐菖蒲，花茎像箭一样。你可以去花店观察花材的大小和形状，尝试一些没有用过的花材。

★如果担心插花作品的色彩太过张扬，那就选用同色系进行搭配，比如红色、粉色和紫色，这类组合往往能形成良好的效果。

★看看房间，想想缺了什么颜色，而刚好可以通过插花来进行补充。也许素雅的空间可以加一抹亮紫色，或者在黑白色系的起居室中增添一些亮黄色。

★善用不同形态的花有利于创作出优秀的插花作品。一朵或数朵大的圆形花配上一些花洒状的小花，再点缀几朵纤细而高挑的花，就能营造出别样的质感和意趣。

★另外，几枝插在花瓶里的绣球就能点亮起居室，满足大部分基础花艺需求。也就是说，并不总是需要创作一件完整的插花作品。

固定花材

★花插，可放在花瓶的底部作为插花底座。但实际上，本书中并未使用到花插。你可以根据不同花艺造型的需要购买不同形状、材质、大小的花插。

★如果有铁丝网，可以将其揉成松松的球状，然后紧紧压在花器底部适当的位置，花茎便可以牢牢地固定在上面。

★花束设计好后，套上皮筋予以固定，然后放入花瓶。

★如果使用了花插、铁丝网，或者固定用的细绳或皮筋，那么最好选用不透明的花器。

★在花器顶部用透明胶带绑出网格，将花茎固定。如果胶带能隐藏在花下，也可以使用防水的绿色花用胶带。通常仅需在花器口横着拉两条胶带，然后竖着拉三条就可以了。

长久保鲜的小诀窍

★每天换水或至少隔天换水。

★换水时要修剪花茎，去除状态不好的叶片和花瓣。

★新鲜的花束要远离成熟的水果或几天前的插花摆放，因为它们会释放乙烯，加速鲜花老化。

★不要将花束放在直射的阳光下或是风口处，也不要靠近加热器。

★将花束远离吸烟处摆放。

★花有向光性，会向着光的方向生长。一些花的向光性比较强，如果将它们放在窗边，它们会向窗边弯曲。在室内，向日葵、黄色小毛茛、花毛茛、郁金香及虞美人等会偏向最强的光源。如果你希望保持作品的造型，用到这类花材时，最好避免直射的光源。

★随花赠送的鲜花保鲜剂也有助于抗菌。如果是制作大型插花作品，可以专门购买大包的鲜花保鲜剂。当然，如果手头没有这些的话，在水里滴上一小滴漂白水也可以达到杀菌的效果。

想知道如何制作这个精美的玻璃瓶吊灯吗？可参考 P60～61。

鼠尾草
细香葱
罗勒
川芎
欧芹
迷迭香
冬香薄荷
百里香
薄荷

香草概览

香草植物随处可见。料理、茶饮、香薰、理疗……我们的生活中几乎随处可见新鲜香草的身影。随着园艺逐渐流行起来，更多的人开始自己种植香草植物以方便食用或饮用。随着预制食品和快餐食品的泛滥，人们也开始偏向于用新鲜食材来烹饪。这时，厨房窗台上种植的香草便可以让烹饪的菜肴更加美味，而且还多了一份成就感——没有什么可以比用自己种植的新鲜食材烹饪更美妙了！

农夫市集日渐流行，让我们有机会接触到许多有当地特色、以自然或有机的方式种植的、无缘在超市里见到的新鲜食材。在农夫市集上，有很多种类的香草可供选择。如果没有农夫市集，也不要担心，在自家阳台或花园里种植香草也绝非难事。你也许会问，这并不是一本烹饪书，那为什么我们要谈论香草呢？

除了烹饪时使用香草，你有没有想过把它们当作绿植用在插花作品中呢？也许许多人不会这么做，但是，香草无论是用作主枝，还是用作点缀花材以增加作品的柔美感，效果都是非常惊艳的。香草也能为花束增添一份"刚从花园里新鲜采摘"的独特韵味。将香草和从花店或花商处买来的花朵搭配在一起，能营造出一种更加浑然天成的感觉。

挑选合适的绿植运用到插花组合中通常很困难。花艺师一般会使用有着中型或大型叶片的蕨类植物，或者是用碰巧在花店里售卖的任何绿植。而打破单调，增加香气，让整个氛围提升的最简单的方法就是把香草当作绿植摆放在餐桌或者家里。另外，香草也可以单独使用，一钵洋甘菊或几枝插在玻璃花瓶中的薰衣草就能为厨房增添几许生机。

最受欢迎的香草

薄荷 和月季搭配种植看起来特别可爱。在本书中你会接触多种薄荷，每种的叶子都有些许不同。有苹果薄荷、巧克力薄荷、胡椒薄荷、斑叶胡椒薄荷，以及绿薄荷。

迷迭香 和薄荷搭配在一起也很合适。不同的绿色和不同的质地，为插花带来了更多的可能性。

鼠尾草 用在小型插花作品中会很出色，原因在于其独特的嫩绿色叶片。和白色、奶油色花朵搭配起来尤为亮眼。

百里香 常作为点缀桌面插花的小型绿植——用绳子绑好，搭配小花束放在精致的杯子里，置于厨房水槽边，或是和餐巾绑在一起，看起来楚楚动人。

细香葱 花有独特香味，看起来很讨喜。

洋甘菊 可爱的点缀用花。可用来营造阳光、甜美、浪漫的氛围。

薰衣草 因其芳香而受人喜爱。它独特的颜色及圆锥状的花簇，可以作为插花作品的点睛之笔。

养护

香草的养护同鲜花一样，在使用前先清理香草的茎并除掉水下部分的叶片，这一点很重要。以45°角剪切茎部末端以增加吸水量，从而让植物活得更久。如果花朵在花店买来时就已经剪好了，回家要给它们充分补水后再进行插花。同样地，每天换水并摘掉变黄的叶片和打蔫的花朵。

使用

选用主茎结实的香草作为基部，将其呈对角线放在容器边缘，这样就可以为鲜花提供结构上的支撑。茎部软一些的香草，比如薄荷，可以用来点缀，达到补充和点睛效果。

花器的选择

谈到花器的选择，想象力是限制我们的唯一因素。尝试跳出挑选的桎梏，使用特别的花器，效果自然大有不同。当我们审视自己收藏的花器时，常常会发现许多珍爱的花器大小、形状别无二致。当然，这是最自然不过的事了，但这也会让我们的作品渐渐变得单调乏味。试着大胆一点，重新挑选一些花器吧！

尺寸和形状

从凹槽纹的高大花瓶，到有底座的高脚瓷杯，抑或是牛奶瓶，大胆想象并尝试，它们都可以成为你的最佳花器。挑选花器时，尺寸可以大小不一，但是需要注意器口的大小。器口的大小会决定花束的尺寸。比如，也许你很喜欢杂志上那种造型夸张且形态丰富的插花作品，可是自己在家却怎么也模仿不出来。这时，器口的尺寸可能就是主要原因。可以选择器口大一些的，如大的凹槽纹花器试试，也许会有不一样的效果。当然，也不要一味追求大器口，否则，插花时就不得不制作大的花束，不仅看起来会庞大臃肿，还很费钱！平时，可以收集一些小口花器放在橱柜里，也可以利用空酒瓶（先除去商标然后清洗干净），简单地进行喷色，再插上一枝飘逸的花，顺着橱柜摆一排，效果会非常完美！

挑选花器时，花器的高度和宽度也很重要。矮宽的花器适合摆放在茶几上，这样在你看电视时，视线不会被遮挡。宽的、圆的花器看着可爱，可以让鲜花营造出穹顶般的造型，用这种方式展示康乃馨和玫瑰更能彰显其高雅。

颜色和质地

打破亘古不变的配色规则。不管你要表达的是低调还是张扬的风格，又或是两者之间的某种感觉，制作花束时要考虑花器的颜色，以及插花作品的摆放环境。不一定要同杂志上完全一样，如果你喜欢和谐统一，希望将所有东西搭配得天衣无缝，那就竭尽所能、尽善尽美；如果你没那么讲究，而且色感普通，算不上有天赋（大部分人都是如此），那你可以选一个可信的色轮（大多数工艺品商店或艺术商店都买得到），根据空间的色彩和色调来挑选色轮上与之相近的颜色，以此来提升你的设计水平。也许你的房间是紫色、米色和绿色系风格，那么可以在它们相近的颜色和色调中寻找更多的可能性，比如油灰色、宝石色，甚至是青柠檬绿色。花器的颜色会对整体作品产生较大的影响，尝试不同的色彩搭配，说不定会邂逅不一样的惊喜，挑选与配色也会变得越来越简单。

挑选花器时，另一个重要的考量要素是花器的质地。木质、石质、碎纹饰玻璃式花器，有脊状线的、光滑的花器，或者是那些闪闪发光的花器，都能迅速让插花作品独具魅力。花器也能为插花作品塑造独有的风格，比如类似于20世纪中期的风格、乡村风格，乃至地中海风格等。

重量

想象一下，你应该不希望看到美丽的花束插在精致的花瓶里，却因花瓶过轻而整体翻倒在桌面上的景象吧。用花枝或者大型花卉做造型时，需要配以有分量的花瓶，材质最好是金属、厚玻璃、铁或者石头。

防水——这是必须项！

大部分的创意花器（如木质板条箱、纸质笔筒、复古白铁制品等）通常不防水。不用担心，果汁瓶和果酱罐正好可以大显身手。

首先，在手里摆放好花束，用皮筋固定花茎，确保鲜花各在其位；然后，轻轻地将其放入防水容器（果汁瓶和果酱罐等）中并确保所有花茎都泡入水中；接着，把花束和防水容器一并放入创意花器中，最好选用不透明的花器，这样防水容器就不会显露出来了。

三组经典插花作品

DIY 创意
紧凑小束插花

所需材料：

花瓶，一枝主花，六七枝颜色、大小不同的配花，一段丝带。

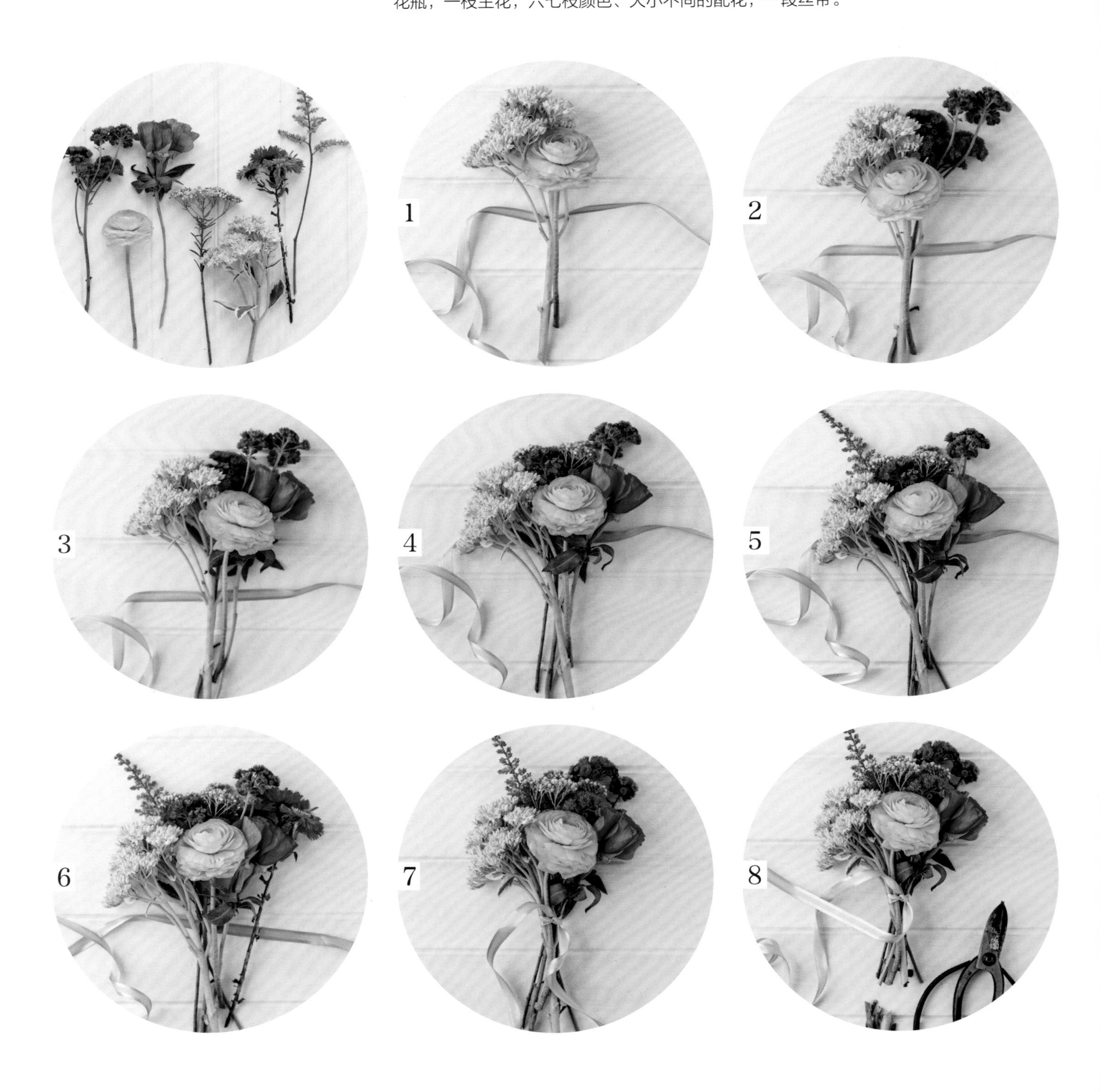

1. 先插入主花，接着搭配质地与主花不一样的配花。这样层次感就出来了。这件插花作品选用了淡粉色的花毛茛为主花，配花是粉白相间的景天。

2. 接着，增添一些与主花颜色相配的对比色，这里使用了蓝紫色的藿香。

3. 继续添加配花。主花旁使用了洋红色的古代稀。

4. 水红色紫菀和澳洲米花丰富了色彩。

5. 娇嫩的落新妇比其他花茎要长，增加了插花的高度，丰富了插花的轮廓。

6. 调整各花的位置，满意后把花茎拢到一起。

7. 用皮筋和细绳绑好。

8. 按统一长度剪掉花茎末端，然后放入精致的小花瓶中。

花材：

★花毛茛

★景天

★藿香

★古代稀

★紫菀

★澳洲米花

★落新妇

花材：

★大丽花
★巧克力薄荷
★迷迭香
★薰衣草枝叶
★紫色马鞭草
★一枝黄花
★紫菀
★欧芹

DIY 创意
中型插花

所需材料：

你最爱的花器，一枝主花，几枝绿植，一些颜色不同、质地不同的配花。

方 法

1. 制作中型插花的一个简单方法就是围着主花展开。示例中使用的是一朵双色大丽花，在清理并修剪完所有茎上的叶片后，将主花放入花器里。

2. 接着修剪一些绿植，分别放在主花后面和周围点缀镶边。这里使用了巧克力薄荷。

3. 然后点缀上几枝迷迭香和薰衣草枝叶，增添灰色调，起对比之效。

4. 继续加入与主花颜色不同的小型花作为配花。先加入的是紫色马鞭草。

5. 再加入一些一枝黄花，其又蓬又尖的形态，完美地衬托了圆圆的大丽花。

6. 之后，再加入一些紫菀。颜色虽和马鞭草一样，但大小和质地截然不同。紫菀的黄芯和一枝黄花也很搭。最后，加入欧芹，让插花看起来浑然天成，如同刚刚才从花园里采摘回来的一样。

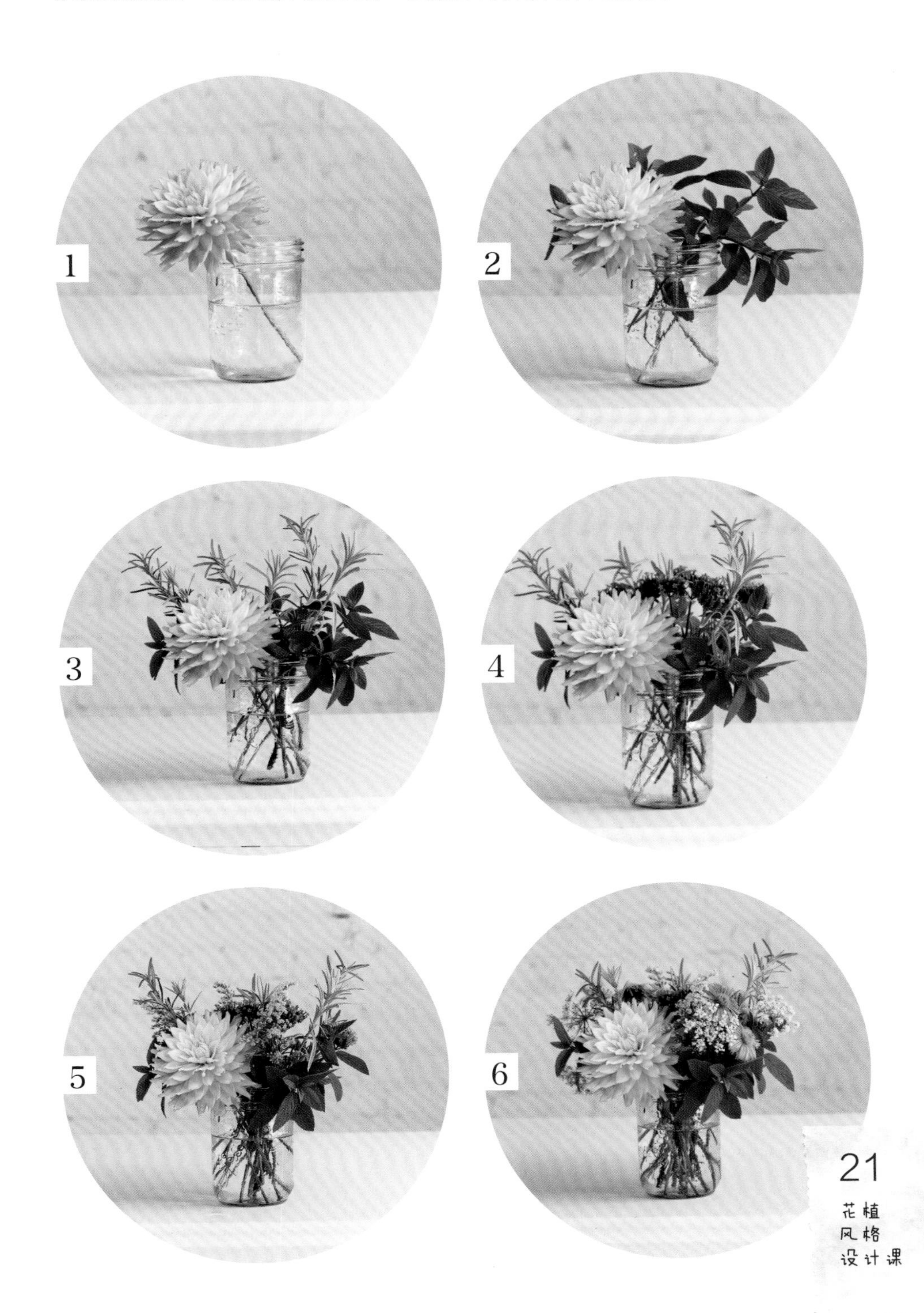

DIY 创意
大型插花

方法

1. 使用大型花器前，首先需要确认绿植和鲜花的高度，它们不能比花器矮，最好是花器的两倍高，或者至少高出花器三分之二。没人希望漂亮的花材看起来像要被花器所吞没一样吧。如果以绿植开始制作，可以少用一些鲜花，这也是个省钱的好方法。这里，我们用了几种不同类型的绿植，以及一些奶油色、带叶的绣球。

2. 加入一些红锈色的日本枫树叶。不必太在意结构，这里想要表达的状态是让花看起来很随意，就如同长在花园里一样。

3. 加入一些粉红色的星芹，茎长花小。

4. 加入几枝不同的香味月季增色添香。

5. 最后，让几枝虞美人高高伫立其中，稍矮处点缀几朵洋红色牡丹。

6. 确保插花达到满意的效果。比如，虞美人周围要留出空间以便其娇嫩的花瓣能接触阳光。

所需材料：

大型花器、各种绿植、三枝主花、五六枝配花、一些用来点缀的小花。

花材：

★各类绿植

★绣球

★日本枫树叶

★星芹

★月季

★虞美人

★牡丹

Chapter 1 自然风格

如果你喜欢朴素简单的装饰风格，那么这一章会给你提供很多灵感。用鲜花和绿植为家增添一抹柔和，不会显得过头或越界。要想达到这个效果，秘诀在于低调和均衡。让鲜花自然地融入房间，不会过于喧宾夺主。自然风格聚焦于简朴而寓意深刻，随意但是能让人耳目一新。

我们推崇活在当下，感受自然，自然风格的设计灵感正是来源于此。邀三两好友，在花园中席地而坐，感受缓缓和风，聆听阵阵鸟鸣，品茗闲谈，享受静好时光。正是这些简单的快乐给我们忙碌的生活带来了变化。自然风格也正是在日常生活中寻找并创造美。

大自然的调色板里有多样的绿色、白色、奶油色、黄色、紫色以及棕色，这些都是契合自然风格的色彩。当然，你也可以探索其他自己喜欢的颜色，领会这一风格对你的意义。所谓自然风格，理应看起来是自然的、舒适的，而不是烦琐的、呆板的。 也正因如此，自然风格是最容易创作的风格之一——无须为浑然天成的美耗时过多。如果你是插花新手，可以从这个风格开始你的插花之旅。在花园里随意采摘漂亮的鲜花和野草，然后根据我们对花器挑选及造型的建议及秘诀来创作清新悦目的插花作品吧！

本章介绍了用衣架制作花环的例子，讲解了如何使用香草、如何制作压制鲜花等。同时，我们还分享了用玻璃瓶制作创意花饰品的方法。插花作品“与亲爱的朋友共进晚餐”也许能激发你的想象与创造。

一旦你开始在花器里布置鲜花，记住：动作要轻，遵从内心而不是你认为对的东西。播放自己喜欢的音乐，放松思绪，随意地将欧芹和雏菊绑在一起，放入小果酱瓶中，摆在餐桌的中央。当然，特定场合（比如大型聚会或婚宴）需要更加精心构思与制作的插花来烘托氛围。你可以慢慢学习，就从小型插花开始尝试吧。

不管是什么造型，尽量做到简约而不失优雅，让插花看起来自然又灵动，最重要的一点便是向大自然学习。就如你不会看见雏菊和充满异域风情的兰花生长在同片土地一样。大自然是最好的搭配大师，模仿真实花材在大自然中生长的习性来进行搭配吧！

低调、简单、朴素、悠闲、不矫揉造作。这便是自然风格插花的关键词，听起来是不是很简单？一起来动手吧！

快速制作简单花环

用粗一些的金属丝制作一个圆圈。绿植分成一捆一捆的小束，茎部用胶带绑好，从圆圈的顶部开始，将它们一捆一捆顺着绑在金属丝上，直至圆圈底部。注意，下一捆的花叶要遮住上一捆的茎部。绑到圆圈底部时，加入主花，之后再从圆圈顶部另一边接着制作。如有需要，可在空缺处再绑上一两朵花。

制作漂亮的压制鲜花

挑选自己喜爱的鲜花或香草，修剪好后粘在无酸水彩纸上，上面再盖上一张纸，然后用重物将它们压住，等待数周。小型的花材两三周就会充分干燥；叶子和香草需要的时间会略长一些；大型的花材要四周或更长时间才会干燥。要想达到最好的效果，请选用最新鲜的花材。（P29右上图）

玻璃瓶罐摆成行

在小巧的瓶瓶罐罐里插入可食用的鲜花和香草。开花的细香葱、薰衣草、薄荷及茴香，均可当作小花束插在玻璃瓶中，丝毫不逊色于鲜切花。将它们整齐排列在窗台或厨房搁板上，为空间增添色彩与独特风格。在瓶口系上绳子会产生意想不到的效果。

上漆罐头盒

以淡雅的浅色铁线莲为主花，配上大花葱、薰衣草及唐松草，绿植选用了薄荷和山茱萸。简单的双色花束看起来就已经很美了，挑选不同质地的花材，层次感就更加凸显了出来。刷上白漆的罐头盒简直是完美的花器。

食用香草

造型小巧的香草点缀在料理或茶饮中，颇为迷人。简单地在厨房里摆上一束新鲜的香草，就能为空间带来芬芳。

安神的洋甘菊

将花园里采摘的洋甘菊插入有陶瓷底座的花器中，效果出奇地好，特别适合摆放在厨房的搁板上。

把香草挂起来！

将工艺品店里买来的小瓶子串起来，挂在墙上，插入花材就是特别的花饰品了。小段的尤加利、唐松草、薰衣草及大花葱特别适合用这种方法展示。也可以用纸胶带或彩带等来装饰小瓶子，增加色彩与花纹的变化。

点亮空间的绿植

几枝新鲜的枝条插入从市集上淘来的广口瓶中，就可以点亮房间的角落。也可以从自家花园里采些野花，比如豌豆花、星芹、茴香。

花彩带装饰条

这是一种能够快速完成的花彩带装饰条，不仅好看，成本还极低。做法就是将自己喜欢的鲜花、香草、绿植和一些礼物标签，每隔五厘米固定在绳子上，还可以加入彩带、织物条或任何你喜欢的东西，只要它们不重。完成后将绳子两头用大头针或者小钉子固定在墙上。如果不想让大头针或钉子露出来，可以将彩带在两头缠绕一下，并让其顺着墙垂下来一点。你还可以将自己收集的花卉插图贴在墙上，制造出氛围感。

金槌花（学名澳洲鼓槌菊，又叫黄金球）是一种常用花材，单独摆放或者混用在花束中都很有美感。它属于雏菊家族，以圆球状出名。采摘后可以存活长达两周，置干后，可以保存数月之久，后期才会慢慢褪去鲜活的颜色。（右页图）

一朵可爱的小黄花!

与亲爱的朋友共进晚餐

在瞬息万变的世界里，简单的心意传达所展现的坦诚之美显得尤为珍贵，它让一切显得自然而非处心积虑。就如一场用爱心准备的晚宴会让夜晚变得轻松与温馨。若你执着于精心的准备和复杂的就餐程序，反而会增加自己的压力，就餐者亦会感到不适。轻松、舒适的晚宴是一种乐趣，何不尝试以一种更自然的方式待客，让气氛升温。

桌面装饰不必花费太多的精力，将精致的瓷器和手绘花瓶收起来吧！事实上，本书使用的东西在大多人的家里都能找到：白色陶瓷餐具、普通玻璃器皿、低调的餐垫和餐巾，以及放在从花园里采来的叶片上的蜡烛。

果酱瓶插花

要营造自然风格的插花，可以尝试使用果酱瓶。将随意组合的花束插入其中，制造出看起来像是从草地上采来的一样（即使事实并不是这样）。花材可以挑选茴香、欧芹、大花葱、日本银莲花、尤加利、马鞭草、薄荷以及大丽花，还可以加入几枝新鲜的迷迭香。迷迭香还有一个妙用，就是用细绳绑在餐巾上，品味立刻升级。果酱瓶插花作品还可以当作台卡来使用——细绳缠绕瓶身几圈，将信息手写在普通标签上，用木夹固定。

DIY 创意
衣架花环

花材：

★薰衣草

★钓钟柳

★蓝盆花

★雏菊

★迷迭香

所需材料：

金属衣架、胶带、白色喷漆、彩带、剪刀。

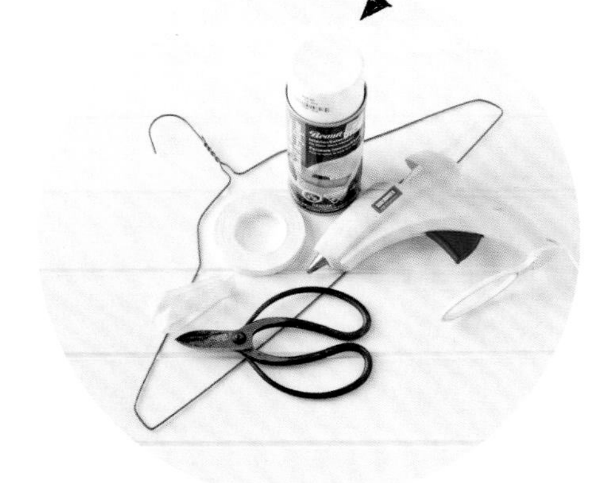

1

2

3

4

5

1. 将衣架下部拉扯成圆形。再在室外或通风良好的地方用喷漆将之喷成白色。喷完一面，待喷漆干后再翻面去喷另一面。

2. 喷漆干透后开始加花。用几朵尺寸不同的花制作成小型花束，然后加上两三枝绿植。修剪花茎，大约保留五厘米长。接着用胶带把所有的花茎绑好。

3. 用花用胶带把花束绑在衣架上。本示范中，我们准备将花束装饰于圆圈的左下部。如果你喜欢，也可以将整个圆圈都绑满花束，或者仅仅将花束绑在底部正中，然后点缀上精美的彩带，任其垂下，打造出甜美的效果。

4. 接着绑下一把小花束，花束之间要重叠，尽量遮住上一把花束的茎部。每一束花都要用花用胶带绑紧。最后，取一把花束从反方向缠绕，以盖住茎部，花环制作完成。注意，最好将所有的花茎末端都遮盖住。

5. 要是有空隙，可以装饰一些花蕾。用细金属丝穿过花蕾底部，将花蕾绑在衣架上即可。

Chapter 2 时尚柔美风格

当你为花束注入一些荧光粉、柠檬黄、橙色或黄色等充满活力的色彩时，你会发现色彩的变化会如此之大。我们喜欢粉彩色，因其休闲、清爽的氛围和它极其柔美、细腻的色调。中性色中有些颜色比较闪亮，比如铜色和其他金属色，可以将这些闪亮的中性色和明亮的色调作为打底，来增加些许热情，这样粉彩色就不会过于甜美了。当前，粉彩色和超亮霓虹色劲头正盛，时尚界混用了这两种截然相反的颜色，既柔软又热辣，所以，从潮流中寻找线索吧，将它们运用到你房间里的插花中。

本章我们选取了一些粉彩色调，比如薄荷绿、蜜桃粉、浅蓝以及奶油黄进行搭配，同时也混用了一些中性色，比如灰褐色和肉色。仅使用一种或两种霓虹色，这样插花就不会显得太烦琐或孩子气，否则眼睛会看花的。也可以使用深一点的色调，比如杏色或者青绿色，使得主色彩边缘更精致。

粉彩色有色深和色调的不同，它可以突出中性的风格且不会主导某个空间，给予了装饰无限可能。在装饰时请以整体的角度来审视整个环境，不然色彩很容易就夸张过头了。我们的意见可以为你提供思路，但一定要尝试自己配色，不然你很难找到自己喜欢的色彩组合。为了避免过度使用粉彩色调，我们还搭配了粗线条、几何及图形的元素来进行装饰。

如果不擅长配色，也不要苦恼。在 DIY 商店，拿起一摞油漆色板在白色平面上比画，加入霓虹色的彩带来看看什么颜色可以搭配在一起。或者用点小聪明，从花纹里有粉彩色和些许霓虹色的围巾着手，学着配色。

在买花材时，你不大可能买得到霓虹色的鲜花，能买到的可能是染的，这些通常看起来会非常俗气，所以在插花中混入霓虹色时必须充分发挥自己的想象力，例如使用霓虹色的彩带、玻璃涂料、纸胶带等来装扮花器。

本章我们将会分享一些自己最爱的插花样式，介绍些你之前或许从未想过的简单宜行的小诀窍。我们希望通过这些想法来点亮你的创意火花，并帮助你动手实践。此外，还有利用可食用花卉让食物呈现惊人效果的创意，以及非常简单的插花摆放点子，效果好到让人为之惊喜。比如，如何让花漂浮在碗里，如何在蛋糕架上、玻璃瓶中、上漆白铁罐里插花。我们还会邀请大家坐在我们的餐桌旁享用仲夏的午餐，分享如何制作百色果酱瓶。

这种风格既柔美又动感十足，既时尚又有趣。但最主要的是，它破除了用色的成规，让我们得以用一种新的方式尝试粉彩色，丰富插花轮廓线条！

在玻璃烛台或小陶瓷花瓶的底部绑上彩带，融入自己的创意。

花器形状多种多样。方形的花器能让浪漫的花束看起来更时尚，也更有韵味。混搭各种形状的花器还有意想不到的效果。这里我们将圆柱形花瓶和方形花瓶搭配使用，用到了霓虹色的玻璃涂料，还用白色马克笔绘制了图案，整体看起来更为和谐。

回收利用厨房里的铁罐，喷上白漆，插入牡丹和菊花，就能让房间亮起来。

几个小花瓶中随意地插上几朵夺目的鲜花，摆放在桌上、窗台上或是壁炉外框上。花茎长度以鲜花能紧贴瓶口为宜。

这盏由意大利著名设计师费鲁齐奥·拉维阿尼设计的巴洛克鬼影台灯本身就极具美感，随意搭配几枝大丽花和郁金香，增添些许色彩和层次即可，尽情享受这份静谧的美好吧。

粉彩色可以说是万能的配色。它与极具冲击力的亮色（比如霓虹色）搭配使用时，能够加深空间的纵深感，并带来一种积极进发的现代感觉。就像图中所展示的一样，金鱼草、飞燕草、银叶菊、海桐、郁金香和落新妇在桌面排成一排，在花茎顶端靠近花朵的地方绑上长长的彩带，垂落至桌面，又多了几分俏皮可爱。

谁说粉彩色没有一点冲击力？

精致的鲜花即便是放在最简单的花器中，也能点亮房间。一枝花，或一小束花即可，无须过于强调技法。

重要的是插花的摆放位置。想想鲜花摆在何处最能带来幸福感？是摆在床边，以期待好梦连连？还是摆在书桌上，增添自然的气息？又或是摆在门厅，随时给予你亲切的问候呢？鲜花能给人带来视觉冲击力，试想一下，同样的场景，若是没有鲜花，是否会有些乏味呢？

花点心思，让家更温馨

稀奇古怪的收藏

用荧光黄色的纸胶带将彩色花纹纸剪切成拼贴画，铺在桌面上。以各式的玻璃器皿，如高脚玻璃杯、复古小茶盘、蛋糕架等作花器，随意地插入福禄考、水芹、娜丽花、牡丹、花毛茛及白风铃草，摆放在桌面。墙上则是用荧光粉色的马克笔标记过的复古花卉插图。

点亮心情

工作室内的情绪板是启发创意与灵感的绝佳出口。试着用鲜花装饰情绪板吧。透明玻璃瓶内插入几枝鲜花，瓶口绕几圈金属丝，固定在墙上就大功告成了。

诀窍

将玻璃杯倒扣在碟子中，加点水保湿，就能打造出有创意的迷你吊钟形插花。然后在杯顶放上一朵（或两朵）好看的花。注意：鲜花需要新鲜的空气才不容易打蔫，这种吊钟形插花仅适合短期装饰，若想长期摆放，最好选用仿真花。

诀窍

除了鲜花，还可加入漂浮的蜡烛，或将亮片、卵石或水晶（如石英和黄铁矿）放在碗底，给餐桌增添一抹亮色。

漂浮的花

浅陶瓷碗中放入鲜花和香草，再点缀几片薄荷叶，就成了餐桌上的焦点，你一定要试试看。扁平状的花，如兰花、紫菀、非洲菊、栀子花和盛开的玫瑰不会像重的花朵，不到一小时就沉到水里了。为了突出粉彩色的感觉，选用的几乎都是荧光色的花，如新鲜的粉色天竺葵和亮绿色的绣球。（左页图）

一闪一闪亮晶晶！

白色陶瓷盘中撒入银色亮片和干蜡菊，即刻变身为闪闪发光的餐桌神器，吸睛又迷人。

独出心裁的食物

如果你没有时间亲手为孩子的生日制作蛋糕，或是根本不擅长烘焙，可将买来的蛋糕用鲜花稍做点缀，就成了定制生日蛋糕了。建议向花商咨询，挑选无毒又精美的花材，以免发生不必要的危险。左图用的是月季、天竺葵、薰衣草及石竹，蛋糕架上也绑上了与之呼应的彩带。

无毒鲜花品种

所谓无毒鲜花，是指以有机或生态方式种植的鲜花。普通鲜花里通常会残留化学除草剂和杀虫剂，不宜与食物接触。在食物中使用鲜花前，可先去掉花的雄蕊和雌蕊部分（带花粉的部位），以免客人对花粉过敏，从而引发哮喘。我们整理出了自己爱用的植物合集，附在书后（P140～141），可供大家参考。

待客之道

独特的个人喜好

银叶菊，因其带有纹理的银色叶片，常被用作餐桌装饰素材。将它以彩绳绑在奶白色餐巾上，就是一份缄默的完美。为了突出质朴的木质桌面，无须使用桌垫和桌布，撒上白色纸屑作为装饰即可。你也可以根据餐桌的需要，使用花纹纸或者单色纸来制作纸屑。单色纸可挑选自己最喜欢的粉彩色或霓虹色。

请享用仲夏午餐吧!

和好友一起享用仲夏午餐吧！柔和的粉彩色调配上点点霓虹色，清新又活力四射，十分养眼。屋外的阳光投射在白色钢琴上，让人感觉随意而温馨。推荐使用白色细绳，会更容易与大多数室内风格契合。将花摆在餐桌正中心是最经典的摆法，而此处，我们将插在小玻璃瓶中的单枝花摆在了餐桌中心，中型和大型插花摆在了远处，以此作为视线焦点，迎接客人。如果把大型插花摆在桌子中心，它会挡住对面朋友的身影，所以，下次若是你来负责摆放大型插花，不妨试试这个摆法吧。（右页图）

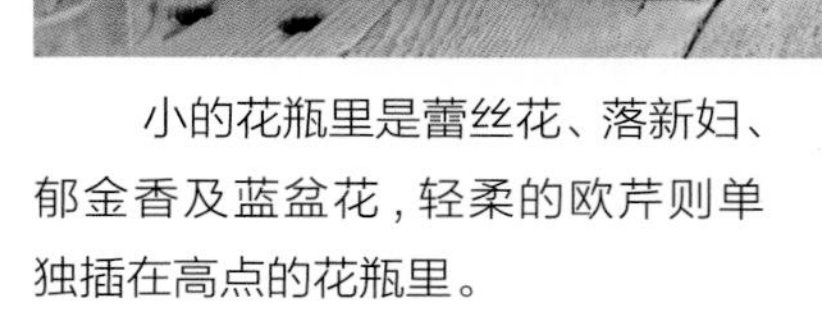

小的花瓶里是蕾丝花、落新妇、郁金香及蓝盆花，轻柔的欧芹则单独插在高点的花瓶里。

DIY 创意

百色果酱瓶

花材：

★月季

★薰衣草

★大丽花

所需材料：

回收的果酱瓶、各色的涂料、能放入果酱瓶的小瓶子。

方法

1. 往干净的果酱瓶里倒少许涂料。DIY 商店通常会售卖一些小包装的涂料样品，可尝试购买。这是获取不同颜色涂料的一种较为便宜的方法，毕竟每个果酱瓶里并不需要用太多的涂料。

2. 倾斜瓶子，让内壁涂满涂料，如果不够，可后续添加涂料。

3. 内壁完全涂满后，小心地将多余的涂料倒出来，把瓶口擦干净。静静等待涂料干燥，一般需要一到两天。

4. 涂料沾水可能会脱落，所以，将小一些的瓶子放入果酱瓶来盛水，供插花使用。

Chapter 3 市集风格

当我们前往伦敦、巴黎、纽约这样的大都市旅行时，我们乐于去寻找当地的市集，徜徉其间，享受周遭来自当地的声音和风情。这些经历激发了我们创作这一章的灵感。市集风格是关于嘈杂及未经发掘的、隐藏着宝藏的艺术。通过市集风格，我们能找到一些亲切的东西，能尽情探索一些不拘一格的，甚至是古怪的创意。但这种风格又包含一些自然风格的元素，以至于不是那么格格不入。如果你想让自己的用色更加大胆，一定要尝试一下市集风格。

我们为大家挑选了一些市集风格的配色，以还原经典市集场景——各种色调的红色、黄色、紫色、粉色以及蓝色，犹如一块极为生动的调色板。即便如此，我们还是鼓励大家根据自己的居家环境来进行配色。

市集风格需要天马行空的想象力，需要我们走出传统模式，有时甚至还要超越传统。你可以去市集上逛逛，观察商贩们陈列商品的方式，寻找灵感，看看他们在吸引顾客及改造物品的方面是多么富有创意。在家里制作这种风格的插花时也要这样——你得跳出常规思维以增添一些活力。

把花随意放入花瓶，这很简单，并没有标准答案——你可以随意发挥自己的想象力，看看家里的任何物品，问问自己："这个可以用来插花吗？如果不能，我能改造一下吗？"

工艺品商店淘来的一排管状玻璃瓶，绑上金属丝，就能改造成挂在墙上的精致花瓶。玻璃瓶绑上复古彩带，每个瓶里插上一朵完美无瑕的新鲜绣球，市集风的效果跃然而出。

本章我们将展示如何改造容器，如何设计餐桌，如何在花盆上使用织物，如何制作壁面甜筒……除了这些创意想法，我们还对房间进行了设计改造，你也可以了解一些装修的窍门。

迷人、热闹、鼓舞人心、多彩、怀旧、激动……如何辨认这种风格的要素呢？跟随我们一起来寻找答案吧！

突出颜色和质地

要想了解市集风格，可以逛一下亚洲杂货店，买一些罐装水果和茶叶。这些罐子总是色彩迷人并拥有丰富的图案，价格也便宜，在享用完食物后，洗净便可回收利用，简直是集美食与花器于一身。

协调花器和花束的风格，慵懒的花插入随意的花器中，完美地诠释了什么是不完美的完美。

在短一些的圆柱状花器里插入小型花束，打造出随意的圆穹状。主花略微突出，在低处加入配花，最低处的配花可以靠在器沿上。

为了避免腐蚀或气味泄漏，可以在罐头容器中放入一个小玻璃瓶来盛水。

想办个聚会或准备一场特别的晚餐吗？用鲜花与纸胶带一天就可以装饰好空间。纸胶带用起来很方便，不会损坏大部分物体的表面。要是举办晚宴，可以将花朵剪下，让其漂浮在盛了水的浅碗中（参见 P46～47），这样赏花时间会更长。

鲜花贴在墙上？没错！

诀窍

这个点子也适用于仿真花。尝试用不同的纸和丝绸，看看自己能创作出怎样神奇的效果。

常规方式让人乏味？用出彩的设计和鲜艳的色彩给作品增加个性与张力！

壁面甜筒

将花纹纸卷一下就可以做成这些可爱的圆锥体花器。用剪刀修剪一下圆锥体的顶部，小花束的茎部以湿纸巾给水并用保鲜膜包好，绑好皮筋放入圆锥体中，用不伤墙面的胶带将其粘在墙上。也可以装饰于晚宴的餐盘边，另外，作为表达心意的礼物也是不错的选择。

提亮局部空间

绣球和漂浮在水面的花朵瞬间中和了水泥搁板的厚重感。（上图）

明亮的花毛茛和洋红色的澳洲蜡梅花给大理石桌面带来了色彩。一朵花毛茛放在木质基座上，用圆穹状玻璃罩住，这种方法可用来欣赏从花茎上掉落下来的花。（左图）

跳脱的设计感

我们没有使用常规的配色方案，而是用跳脱的颜色来搭配这个沙发，展现一种时尚感。桌上是亮粉色的花毛茛和奶油色的欧蓍草，墙上甜筒状的插花则用了橙色玫瑰、洋红色澳洲蜡梅花以及黄色的郁金香。当你想引入房间里一直没有的颜色时，鲜花便是最好的选择。

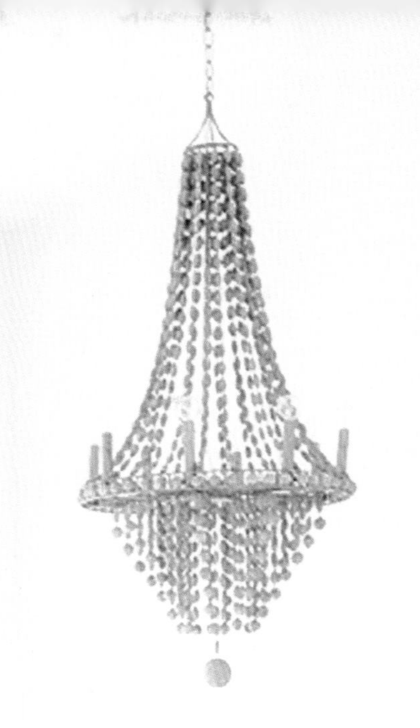

预算有限?
用玻璃瓶和淘来的古旧明信片
来展现自己的创意吧!

玻璃瓶吊灯

一个金属圈，一些金属丝，以及几个造型别致的小玻璃瓶就可以做成一个玻璃瓶吊灯。用金属丝缠绕瓶子颈部（仅适用于瓶口有沿的瓶子），留出长短不一的距离，将另一头系在圈架上，调整位置让圈架保持平衡，再用钩子将圈架牢牢固定在天花板上就完成了。瓶子里尽量少装点水，插一两朵花即可。（详见左页图）

装饰吊灯的诀窍：系一些长度不同的彩带，让吊灯更有氛围。

时尚的椅背

将插好花的复古玻璃瓶一只一只绑在椅背上。为牢固起见，用金属丝进行固定。形状不同、大小不一、颜色各异的瓶子随意绑在椅背，瞬间有了聚会的氛围，还可以加入彩带增添活力！

增强颜色的对比

用两种颜色将插花和房间里的其他装饰联系起来，这样，再引入其他颜色就不会有突兀感。在下图及 P59的图中，粉色的花毛茛和奶油色的欧蓍草与抱枕、沙发（详见 P59）都十分和谐。橙色、黄色及紫色的搭配给人一种惊喜的感觉，也证明了完全没有必要限制色彩的搭配。

花彩带

用彩带或布条将仿真花的花茎固定在绳子上，就可以快速做好一个美丽的花彩带。特别的场合，可以加入一些鲜花，比如玫瑰、小苍兰、薰衣草等以增香提色。

鲜花让空间焕然一新

与友人共享市集风格早午餐

将餐桌布置得像室外市集一样活力满满吧！仅需少许装饰就能营造出这种氛围。用有着精致花卉图案的餐巾或餐桌布增添韵味，把多彩的鲜花花束用色彩明快的玻璃器皿分组盛放，像极了市集里的瓶瓶罐罐，多彩而又夺目！黄色的郁金香配上黄金球和欧蓍草，橙色的花毛茛和玫瑰同紫色的婆婆纳组合，粉色玫瑰则搭配了矢车菊和奶白色六出花。

爱心手作

香气迷人的玫瑰叠放于几片仿真叶上，再用丝带绑在餐巾上，这样小小的手工制品可以给餐桌增添几分灵动的美感。可以去工艺品店里购买一些你喜欢的印花布，做成餐巾或是用来包裹花盆都是不错的选择（详见P66~67）。

将个人特色融入设计

在宴席上，完美的细节把控往往给人留下美好的印象。在正式布置前，我们要明确想为客人传达什么。在创作中添加一些个人特色，跟随自己内心的指引。例如，在设计市集风主题的早午餐时，我们用印花餐巾和餐垫搭配天然亚麻桌布，餐巾和台卡用霓虹色的彩带装饰，最后在椅背上挂上彩带作为呼应。这是我们的一些创意，我们希望以此来激发大家的灵感和动力，去探索和尝试新的想法。与此同时，我们也鼓励大家在我们的创意中加入你们的个人特色，用属于你们自己的风格去呈现。

DIY 创意
印花花盆

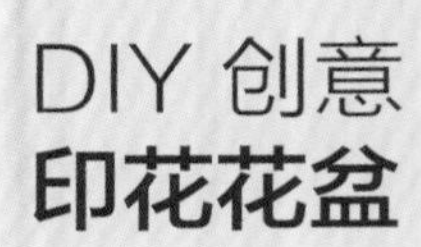

花材：
- ★大丽花
- ★日本银莲花
- ★欧芹
- ★白色黑种草
- ★月季
- ★百日菊
- ★紫菀
- ★福禄考

所需材料：

赤陶盆和盆托、海绵刷、亮光白胶、棉质印花布、剪刀、玻璃广口瓶。

1. 裁剪布料。布料长度在能包裹住花盆的基础上，还要比盆沿高出至少十厘米，并且，盆底也要顾及到。如果布料很薄，可以通过喷涂花盆的方式避免花盆的颜色透出来。注意：一定要等油漆干透。小面积涂抹亮光白胶于花盆壁上，然后按压布料，再用海绵刷边涂边按压，使布料平整贴于盆壁。

2. 先从盆沿处开始涂抹，慢慢顺着往下进行。花盆和布料的内侧都要涂抹亮光白胶，按压时要轻轻抚平布料。涂抹的速度要快，因为亮光白胶干得很快。

3. 花盆表面的布料粘好后，将盆口处余下的布料沿花盆内侧用同样的方式粘好。花盆底部也重复这一过程。最后，在布料外面用亮光白胶再涂抹一遍。

4. 把花盆放在一块塑料布上晾干，盆托也用同样的方式粘好布料。用盛了水的广口瓶插花，放入制作好的印花花盆内。

Chapter 4 活力色彩风格

要想轻松使用鲜艳的亮色系，我们需要拥有大胆的创造力。亮色带来的冲击感，会带给人勃勃生机。原色通常用于装扮儿童卧室或游乐场，而本章我们将展示如何使用大胆的亮色系且不会显得孩子气，往空间注入亮眼的原色也能营造出成熟、光芒四射的效果。

在本章中，我们将明亮的原色与家中一些流行元素组合，为它们赋予含义，同时也展示一种干净利落的现代装饰想法。例如，如何利用鲜花把一个毫无特点的白色柜子改造成绝妙的视觉焦点，同时，我们还会通过一些小的创意来向大家展示如何用鲜花呼应空间里抢眼的色彩，从而达到视觉平衡。

非洲菊、大丽花、百日菊、一枝黄花及各种黄色的小菊花是明亮风格的主打花材。我们喜欢用这些普通又便宜的当季鲜花和已有的物品给生活创造惊喜。如果不是为了婚礼或者某些特别的活动，我们很少花费大量时间和金钱在鲜花上，毕竟大型的插花作品不花费一大笔钱和精力是很难成功的。在日常生活中，也能创造不一样的惊喜，我们希望你们也能在日常中寻找乐趣。

在 DIY 环节，我们将展示如何制作木质黄金球，让插花更生动、有趣，如何用包装纸快速装饰花瓶等。为了增添娱乐性，我们还精心设计了一个低调但可爱的儿童派对供你参考。最妙之处在于插花可以在客人们到达之前完成，孩子们通常喜欢在这个富有创意的准备活动中贡献一己之力。

活力四射、好玩、意料之外、怀旧、干净利落、明亮——希望大家喜欢我们的创意。让鲜花为室内空间注入更多魅力吧！

NOW
WE
ARE
SIX
MILNE

在儿童房的设计与布置过程中，家长可以引导孩子们参与进来，这将有利于他们风格与个性的塑造。多多鼓励孩子们尝试吧，可以让他们从制作一些小的花饰开始。孩子们肯定会喜欢和你一起从花园或花店挑选花束，制作美丽的插花。

将你最喜欢的收藏品摆在敞开的搁板或台面上，给窗台加点色彩以活跃沉闷的气氛，在富有光泽的花瓶里插上色调大胆的鲜花……这些小小的举动，都能瞬间点亮房间。我们喜欢在一些书和装饰品的旁边摆上鲜花来增加自然感和趣味性。

在卧室里创造自己的一方天地，最佳的方法就是摆上鲜花了。当然，选择的花材要与房间主题相契合。热情的色调能让人精力充沛，粉色系的花材则为房间增添一份温馨。

这个古怪的花瓶，大概是我见过的最独特的存在了。大丽花长而尖的花瓣恰好与个性十足的装饰呼应起来。

明亮的颜色和有趣的图案让人快乐！

温哥华的室内设计师南希·里斯科善于运用不同比例和质地的、色彩明快的图案，赋予空间更丰富的层次感。我们则喜欢用多彩的配饰来点亮平淡的空间。

把家想象成一块画布，一个延绵不断的艺术项目，一幅特别的个人画作。右图以中性色为基调，原木色调勾勒空间轮廓，整体和谐、流畅。不必担心色彩斑斓的装饰品会格格不入，听从内心的想法，大胆地往墙上、门上、地上，甚至是天花板上增加色彩。你只需要记住一点——以鲜花收尾。让单调变惊艳并非难事。大部分人认为白墙和白色家具略显乏味，本章中展现的房间则截然相反。不同颜色和质地的精心摆放的物品，再配上鲜花，让原本沉闷的环境充满了热情与冲击力。

让空间充满艺术感

在墙上陈列你喜爱的艺术品，就如同打造一面你的专属画廊墙。随着年月的增长，藏品不断增多，充满了艺术感，且能带来视觉冲击。

鲜花有它独特的魅力，能够突出作品的艺术感，不妨试着在靠近画廊墙的桌柜或移动式架子上摆放几束鲜花。

此处，我们选择了与醒目的壁画“2”相呼应的红色作为强调色，在柜台左侧分出 3 块区域，摆放 8 个花瓶。花器虽多，却无杂乱之感。首先，最抓人眼球的就是蛋糕架，然后视线会转移到粉色小花瓶上，最终则是绿色玻璃花瓶。墙上的红色壁画和柜台上的鲜花让整个空间融为了一体。

把各式的花瓶一起放在托盘或蛋糕架上。如果你想在高度上做文章，可以尝试将结实点儿的花瓶倒扣过来，在上面摆上小的花瓶，这会是个不错的创意。

把花瓶放在书、蛋糕架、盒子等顶部进行装饰，让鲜花呈现新的视觉效果

打造和谐的视觉观感

让鲜花融入居家环境。浅蓝色、浅绿色的玻璃瓶与孔雀蓝的靠枕、针织坐垫及灰色调的地毯相互呼应。吊钟花，红色、紫色的大丽花，以及百日草突显了颇有质感的羊绒沙发。醒目的色彩在中性色的空间里看起来格外亮眼，将之巧妙地与家居关键要素组合，房间便不会显得杂乱。在不同的居家空间选择不同的色彩进行组合，使每一处都让人驻足。

摆放鲜花时，时不时后退几步，
将鲜花与环境作为整体来考量，
看看是否有需要删减的元素

扮演配角的鲜花

鲜花作为房间里的焦点时，格外亮眼；扮演配角时，也是毫不逊色。

在房间里的焦点物品（比如醒目的绘画作品）旁摆放鲜花时，需要注意：鲜花的作用是陪衬，而不是用硕大无比的花苞盖过主角的风头。此时，可以考虑使用“少即是多”的方法。左图中，盛开的大丽花摆放在木质托盘上的陶瓷碗中，别具匠心的创意是为了烘托画作，而不是喧宾夺主。

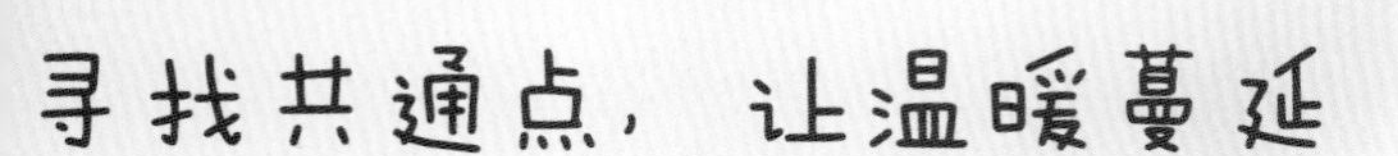

简单修剪

挑选一朵呈半球状盛开的大丽花，茎部留约五厘米，再准备一个碗口与花相当的碗，注入水。家里的饭碗即可，碗口宽、碗底窄，还易于得到。另外，莲花、牡丹、大花葱、玫瑰花和绣球都适用于此方法。

孩子们的派对时间！

为孩子们举办儿童派对是脑洞大开的最佳时间，尽情实现你的 DIY 创意吧！不过，饰品不用布置得太多，尽可能留下空间来摆放食物。

我们的设计不仅简单，还很实惠，十分钟就可以布置完成。花器是用孩子们常用的物品制作的，鲜花都是花店就能买到的。花艺设计师最喜欢用的一个技巧就是将常见鲜花（如康乃馨、雏菊、非洲菊）归组，这样，人们关注的焦点就是花的颜色而不是类型了。

待客之道

戳个星星！

鲜花和花器不用精心设计，以免让孩子们感觉过于特别。我们选择了多花小菊和一枝黄花，插入用蓝色星星装饰的白色纸杯里（蓝色星星是用印章戳上去的）。小诀窍：可以在纸杯里放入一把石子或一块石头增加重量，以免纸杯轻易就翻倒了。

回礼花

台卡在正式活动中很有用，但在这儿不是必需的（通常孩子们也不会坐在该坐的地方）。把精力放在更值得做的事情上去吧，比如派对礼物、杯子蛋糕、回礼花等。回礼花可以试试这个做法：玻璃瓶里插上小花束，将礼物袋套住玻璃瓶，再用彩带绑个蝴蝶结。让小客人把礼物带回家给父母，分享这份快乐！

这张餐桌已经摆好了，就等小客人们落座了。不管是在过夜派对后的早午餐还是生日庆祝会中，明亮的原色毫无疑问都渲染了儿童派对活泼欢乐的氛围。我们选取了柠檬黄、橙色和蓝色作为主色，配以嫩绿色，搭配有趣的圆点、星星和“V”形图案。这种混搭有趣又充满着朝气，也不会显得违和。

DIY 创意

纸花瓶和木质黄金球

花材：

★大丽花

★百日菊

所需材料：

木质珠子、木柄（直径和珠子洞一致）、黄色丙烯颜料、胶水、刷子、美工刀、纸杯、花纹纸、方形玻璃花瓶。

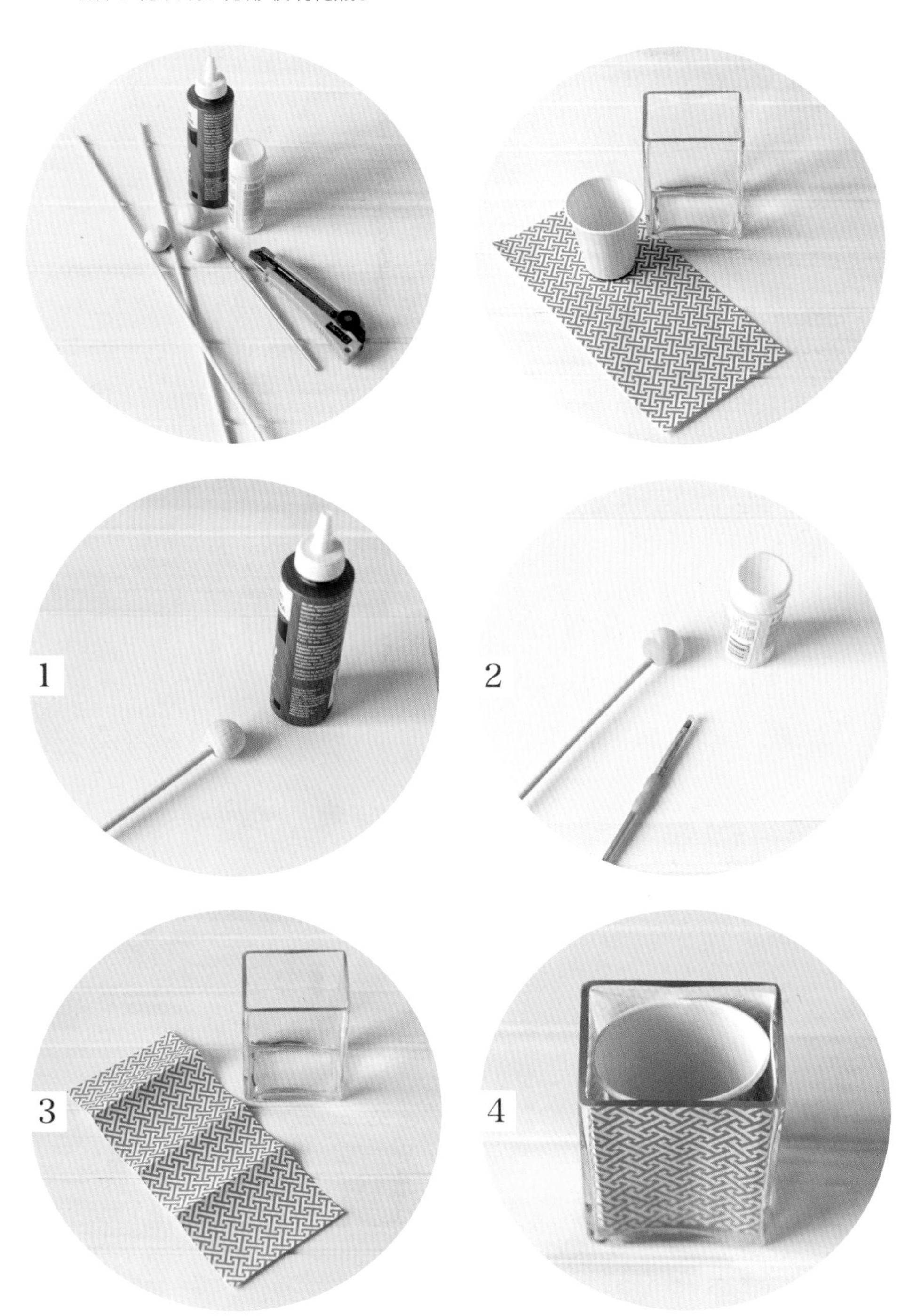

1. 木柄顶端涂抹胶水，将珠子装上去。静置，待其自然干燥。

2. 给珠子涂漆，干燥后再涂一层，防止没有涂到位。等它彻底干燥后，用美工刀修剪木柄至理想长度。

3. 测量花瓶的尺寸，裁取大小合适的花纹纸。根据花瓶的棱角折纸，让纸能紧密贴合花瓶的边角。

4. 将折好的纸放入花瓶，再在花瓶中间放入一个纸杯来盛水插花。插花放入后，再加入木质黄金球，就大功告成了！

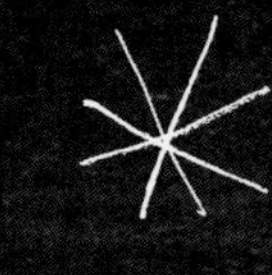

Chapter 5 地中海风格

试问谁不喜欢到海边游玩呢?

我和莱斯利都是在海边长大的，地中海风格的插花我们最拿手了。这种风格的插花展现出一种悠闲、自然的感觉，配色十分高级。即使你住的地方离海有千里之遥，地中海风格插花中的一些代表元素依旧能够装点你的居家空间，就像乡间农舍也可以搭配风化的木头、蓝绿的色调、浅色的地板，以及花环。

孩童时代，我们最爱和家人、朋友一同在海边游玩。收集贝壳、生篝火、烤鱼、堆沙堡……现在，我们把童年时期的灵感与成年后对海边美好的回忆融合起来，创造一种干净、时尚、阳光微醺的氛围，以此为主题进行插花设计。但是，我们发现，想要打造出那种不带有命题感、不像花店商品的地中海风格插花作品是非常困难的。本章将介绍几组我们由衷喜欢的地中海风格插花，希望能为大家提供灵感。

地中海风格插花的主题色为白色、蓝色及带点淡淡贝壳粉的黄色。我们喜欢用一些刷白的木头、风化木、陶瓷或玻璃的花瓶，以及一些意想不到的图案让插花看起来轻松活泼。在我们的记忆中，南加州的海岸线在深色海水的映衬下，色浅而亮；而北加州海岸线则是布满岩石。因此，我们很少尝试使用深蓝色、绿色及灰色打造航海风的主题，但如果你喜欢让自己置身于深色调的环境，这种配色也是另外一种思路。比如，若翠绿色、油灰色和靛蓝色更接近你设想的地中海风格，不妨用它们来进行设计。如果你还不太热衷于地中海风格，我们希望本章能为你提供新的视角及一些实用的装饰想法。

在本章中，我们会展示如何结合绘画图案、几何图案及细小的鲜花图案来增强空间感，还会分享一些实惠的方法，利用我们已有的材料，如枝条、玻璃瓶、涂料、玻璃罩来实现创意。同时，我们还邀请你来参观设计师瑞秋·阿什威尔设计的海滨餐厅。最后的 DIY 创意部分，我们会演示如何使用绳线快速又轻松地装饰花瓶。

轻松惬意、微风阵阵、阳光微醺……撑好躺椅，在最爱的鸡尾酒边插把遮阳伞，地中海风格来了！

etcetera

修长而优雅的大丽花

当你拿到一些大型植物（如大丽花）时，需要做的就是把它们聚到一起，保留一定长度的花茎，插入玻璃瓶中，这就足够了！这是一个带有裂纹装饰的玻璃瓶，花材随意地插入，自然又优雅。

工作区域的一缕微风

粉桃色的大丽花束为这个明亮通透的办公室增添了些许温暖的情调，让人从成摞的文件中和电脑屏幕前解放出来，使视觉得到放松。

London

CREATIVE
walls
GERALDINE JAMES
CICO BOOKS
etcetera
etc.
Sibella Court
TARTINE BREAD
ROBERTSON
CHRONICLE BOOKS
PRUEITT/ROBERTSON
TARTINE
CHRONICLE BOOKS
NO.34
M. SASEK
This is San Francisco
UNIVERSE
ON THE EDGE
IMAGES FROM 100 YEARS OF VOGUE
RANDOM HOUSE

质感反差

左页图中这幅吸睛的摄影作品出自希尔达·格兰纳特之手，悬挂于旧金山工艺师迈克尔·吴设计的内凹墙壁上。这时，已经不需要装饰任何鲜花来与之争夺焦点了。我们选用了玻璃罩及白色鲜花来丰富视觉层次。第一个玻璃罩中放了蓝盆花，配了点千日红；第二个玻璃罩中是活泼的大戟属植物；果汁杯里放了朵花瓣细长的菊花。

宁静的室内花香四溢，让人感到宾至如归

出人意料的惊喜

你有没有想过把花装饰在门把手上？对于很少使用的储藏柜而言，这是个不错的选择。比如上图这个风化了的木柜。你可以制作迷你花环、条状花饰，用可以悬挂的容器（也可以用果酱罐和金属丝自制）来盛水。上图这个小型插花作品使用了白色蓝盆花、欧芹、白色勿忘我、黄色多头月季、一枝黄花、春黄菊、茼蒿菊、白色澳洲蜡梅花及玻璃苣，质感、形状和颜色都完美符合阳光明媚的地中海风格。

普通而不凡的作品

也许有很多人认为，要营造出极致的效果得用很多的花材才行。我们却有不同的意见——那些以自然姿态呈现的、不太正式的插花往往最能触动人心。在制作上图中的这一排插花作品时，窗外自然、柔和的光线激发了我们的灵感。透明牛奶瓶中花茎纤细而有质感的六出花、茴香、百子莲、黄金球和满天星看起来清新而慵懒，像是在海边度假的人们一般。当然，你也可以使用自家花园里外观相似的鲜花。

风化的古木瞬间把我们带到海边

柜子上淡蓝色的漆已斑驳，颇有一番受海水和海风侵蚀的乡间农舍的韵味。柜门上的小把手挂着衣架花环（参考 P36~37），绿植和奶白色、黄色的花材搭配，呈现出轻松而别具一格的风味。

瓷器瓶也能为空间增添色彩和图案。白色系的花材，如六出花、洋桔梗、蓝盆花、金钱草和欧芹，搭配少量蓝色系的主花，比如下图中的绣球。你也可以选择飞燕草、矢车菊或百子莲等，韵味十足。

淡蓝色的遐想

白色的水壶中插入绣球，摆放在白色系的卧室窗边，清新又迷人。绣球没有香味，通常不会引发过敏，是卧室花材的最佳选择。

创意图案搭配

如果房间里的图案很多，何不利用插花作品来增加点色彩冲击呢？右图中，黄灿灿的大丽花在蓝色和白色背景图的映衬下显得格外突出。蓝色的飞燕草和一朵白色绣球增加了整体的层次感和趣味性，同色系的搭配也没有给人过于杂乱的感觉。

让回收利用的花器升级！

给一些回收利用的瓶瓶罐罐喷上一层白漆。待漆干后，再涂上深浅不同的蓝色涂料，打造出渐变的效果。这是给房间增添地中海氛围最简单的方法。注意：涂料并不防水，在倒水时要格外小心。

不必担心在一间房里混入多种图案，只要它们色调一致，就可避免视觉过载现象。

环状装饰

一种装饰墙面的简单方法就是巧用绣花绷框。将自己喜爱的印花布料置于绷框内，挂在墙壁上，图案会更突出。

另辟蹊径

将一些小而轻的玻璃瓶悬挂在事先经过喷漆处理的枝条上。确保花瓶足够重，以免出现翻倒的情况。花材选择同色系的，看起来会更简洁。

待客之道

我们邀请你参加地中海风早午餐！

当我们布置餐桌时，通常会结合这个空间里现成的东西来进行创意设计。如果手头没有鲜花，可以在自家花园里摘一些，或者把其他房间的大型花束拆了，做成新的插花作品。下图中，我们将五个小而紧凑的花束摆放得很低，这样客人们就可以轻松地在蓝色和白色的舒缓主题下无障碍交流。此外，我们还加入了许多叶片繁茂的绿植，以增加些许层次感。亚麻餐巾配上晶莹闪亮的玻璃器皿，以及白色的瓷碗、瓷盘，简单而不失优雅。

花语

挑选花材时，要考虑花的形态、质感、颜色，以及各花材之间的区别、各自所占的比例等。同时，也不要忽略整体空间的氛围感。首先，你需要确定主题，可以是某个有意义的日子或是某个特定的场所；然后你需要弄清楚的是，你想通过插花来表达些什么，为主题增加些什么，以及使用哪些花材、如何搭配它们能达到预期效果。

这组插花作品中，充满质感的花材像是在模仿一群鲜活的海洋生物：细长的白色石蒜、长而尖的飞燕草和带有多刺叶片的刺芹让人联想到海星；结了籽的尤加利那下垂的浅色叶片和果荚看起来像是海藻；而像极了海草的优雅稷‘爆霜’，其流动的羽状叶片看起来如同在微风中摇摆一般。

白色的海滨餐厅

这间由设计师瑞秋·阿什威尔设计的海滨餐厅气氛轻松舒适，会让客人有种宾至如归的感觉。不同的白色元素，搭配原木及白漆木制品，营造了一种纯粹又放松的、带有地中海风格魅力的氛围。

DIY 创意

用绳子改造果酱罐

花材：

★大丽花
★日本银莲花
★茴香
★欧芹
★白色勿忘我
★白色蓝盆花
★茼蒿菊

所需材料：

干净的果酱罐或果酱瓶、胶水、胶枪、不同颜色的绳子、剪刀、海绵刷。

1. 在罐口稍下方（略低于边沿处）涂一点胶，仔细将绳子固定在胶上。小贴士：使用热熔胶时，请小心操作。

2. 待罐口胶干后，慢慢地将上部四分之一的罐身全部涂抹胶水，然后绕着瓶身，紧紧地将绳子固定在胶上。缠好后，再涂抹胶水至瓶身的三分之二处，重复绕绳子步骤。

3. 上部分（三分之二）瓶身用绳子缠绕好后，剪断绳子，绳头用热熔胶固定。然后，换一根不同颜色或质地的绳子缠绕瓶子的下部分（三分之一），用热熔胶将两根绳子的绳头固定在一起。

4. 绳子全部缠绕完毕后，收尾处依旧用热熔胶固定。小贴士：可以更换多种颜色的绳子，也可以用一种颜色的绳子缠到底，全凭你的喜好！

Chapter 6 优雅中性风格

中性风插花大多使用米色和紫色来营造时尚、高雅的氛围。米色通常被认为是“安全色”，而紫色则是“刺激色”。但事实是，这两种颜色都非常多元，把它们配在一起，米色的温和中和了紫色的浓烈，颇为和谐。本章我们以米色来打造中性风格。当然，灰色也是非常棒的选择。事实上，任何中性色彩都可以添加到活泼的色彩中去！

米色是一种非常浅的棕色，因其偏暖的色调而被人喜爱。紫色有淡淡的丁香粉紫色、时尚的烟熏紫色，以及充满活力的吊钟花紫红色。如果你在混合这两种颜色时仍有顾虑，可以借鉴下彩妆的配色：中性色底妆配上烟熏紫色的眼妆，以及深色的唇彩，效果简直可以用惊艳来形容！如果你还没有尝试过米色或者紫色风格插花，本章将激发你的灵感，给你带来很多快乐！

本章我们将打破常规，挑战用米色和紫色这两种反差强烈的颜色诠释新的色彩风格。这种风格也许会有些超前，但是在插花领域里，我们就是需要不断去尝试，而不是墨守成规。希望这些新想法也能激励大家去打破自己的常规界限。

中性风格非常适合用来打造现代感十足的秋天主题，酷酷的又不失温暖。并且，这个季节有各种各样的紫色鲜花，比如帚石南、大丽花、绣球、凤仙花、紫菀、矢车菊及甜豌豆花。

除了造型和摆放小窍门，我们还分享了一些有关复杂花器的想法，这些花器能同一些更为成熟的主题风格相配。也许你会发现，我们的配色质感十足，也很闪耀。我们用到了金属元素、天然木材、水晶，以及镜子、玻璃、白瓷这些能够反光的物品。本章的DIY创意部分，我们将分享一个用酒瓶和金属色亮粉颗粒打造的创意花饰（保证不会俗气！），为温馨的母亲节设计一个既甜美又不孩子气的茶会。

家居空间中，中性色元素过多的话，可能会有些单调和乏味，不妨试着用鲜花中和下吧，空间立刻变得优雅、豪华、温暖又时髦。这正是室内装饰者梦寐以求的。尝试用自己喜欢的色调，打造你的特色花饰吧。

101
花植
风格
设计课

这间雅致的主卧是房主玛丽安娜·达米奇亲自设计的，我们为其装饰了一组亮眼的床边插花——由暗酒红色的蓝盆花、紫色的大丽花和兰花组成，摆放于一个晶莹闪亮的玻璃杯中。白色的房间里，金属色及反光的表面格外醒目，也让平淡的空间多了几分亮彩。金色、银色、亮片等元素营造出一个有趣且迷人的空间。

深色系的花束系着银色的彩带，插在带有金色图案的摩洛哥风格茶杯中，金色的蛋糕架作为基座，颇有节日的氛围。在一些无须刻意装扮的场合，买些同色系的平价鲜花，与金属色茶杯搭配就很好看。

有时，房间需要用大型的插花作品装饰，一个简单的方法就是将同色系的鲜花组合在一起作为背景，前面再点缀几枝主花。这里的背景花材是高大的飞燕草及一些柳香桃枝条，中间插入几枝暗红色的六出花，正面的主花则是紫色的大丽花和绣球。是不是很简单？

有时，三组小小的插花就可以装扮一张桌子——一朵大丽花、一枝紫色石斛兰，以及一些深紫色的蓝盆花分别插在三个小小的银色花瓶中。在淡雅的中性色房间里，深紫和洋红色的鲜花搭配上同色系的桌子，看起来十分高雅。

让爱在房间四溢

在举办特别的庆祝活动时，摆上几束插花会极其漂亮。试着根据空间来构思插花的大小和比例。比如：茶几上摆放低矮的、花朵盛开的插花（尽量选择矮的方形花瓶），小桌上摆放小型插花，柜子或架子上摆放高大的插花。另外，离客人最近的插花尤其需要花费心思来布置。你可以事先挑选出一些你喜欢的、适合制作各类型花束的花材，其中，大型插花需要挑选茎长的花材。花的大小也要多样：大而圆的鲜花，比如绣球，能填补空间；中等大小的花可以选择郁金香、长而尖的飞燕草，以及质感蓬松的帚石南等。

多变的色彩融合

左页图中清爽的德国白瓷，一些是古董，还有一些出自卢臣泰品牌。在深灰色书架的映衬下，白瓷与亮眼的月季、郁金香、金边玉簪、鸡冠花、大花葱及虞美人形成了醒目而多变的对比。

视觉焦点

茶几上的这组大型插花作品是整个空间的视觉焦点。紫色的绣球、暗红色的六出花，以及带果的桉树叶瞬间点亮了居家空间。白色的法式花瓶是巴黎陶瓷品牌阿斯特尔·德·维莱特的手工作品，带有光滑的底座。

增加些许色彩对比，
给中性色空间带来意想不到的震撼

优雅而惬意的下午茶

想品杯茶吗？尽管忙碌的生活让人没多少时间去享受这份惬意，但是下午茶还是有它吸引人的地方。这也是我们愿意花时间盛装出席并给自己和密友一些宠爱的原因。女士们的下午茶意味着一段聚在一起分享快乐的时光。优雅的环境能轻而易举地为我们带来快乐。

修长的圆柱形玻璃花瓶中放入紫色大丽花，花朵刚好在瓶内低于瓶口处，另外还有几朵花浮在瓶内水面上。在现代极简风格的设计中，这种插花想法显得绝妙无比。

光滑的白瓷盘中盛放着点缀了鲜花的甜点，装有伯爵红茶的水晶玻璃杯锃锃发亮，整体氛围轻松又愉悦。为了加点个人风格，我们还装饰了手工捆绑的小花束（操作步骤详见P18~19），客人在宴会结束后可以将它带走。花束由郁金香、石斛兰、大丽花、蓝盆花及六出花捆扎而成。小诀窍：稍做调整，这个成人茶会也能变成适合小女孩的聚会。

色彩的力量

整个就餐空间以纯白色打底，阳光透过玻璃窗洒了进来，银色摩洛哥风格的吊灯、橱柜上的银色器皿，以及墙壁上两幅由女孩们手工制作的糖果纸海报上金色和银色的“LOVE”字样，在阳光下闪闪发光。鲜花的色彩，瞬间让中性色空间灵动了起来。我们使用的是同色系的红色和紫色，你也可以用自己喜欢的色系来替换，都能达到同样效果。

DIY 创意
喷漆酒瓶
花材：
★康乃馨
★金鱼草
★多头菊
★红门兰

所需材料：

酒瓶、哑光白色漆、金属色亮粉颗粒、胶水、海绵刷、纸。

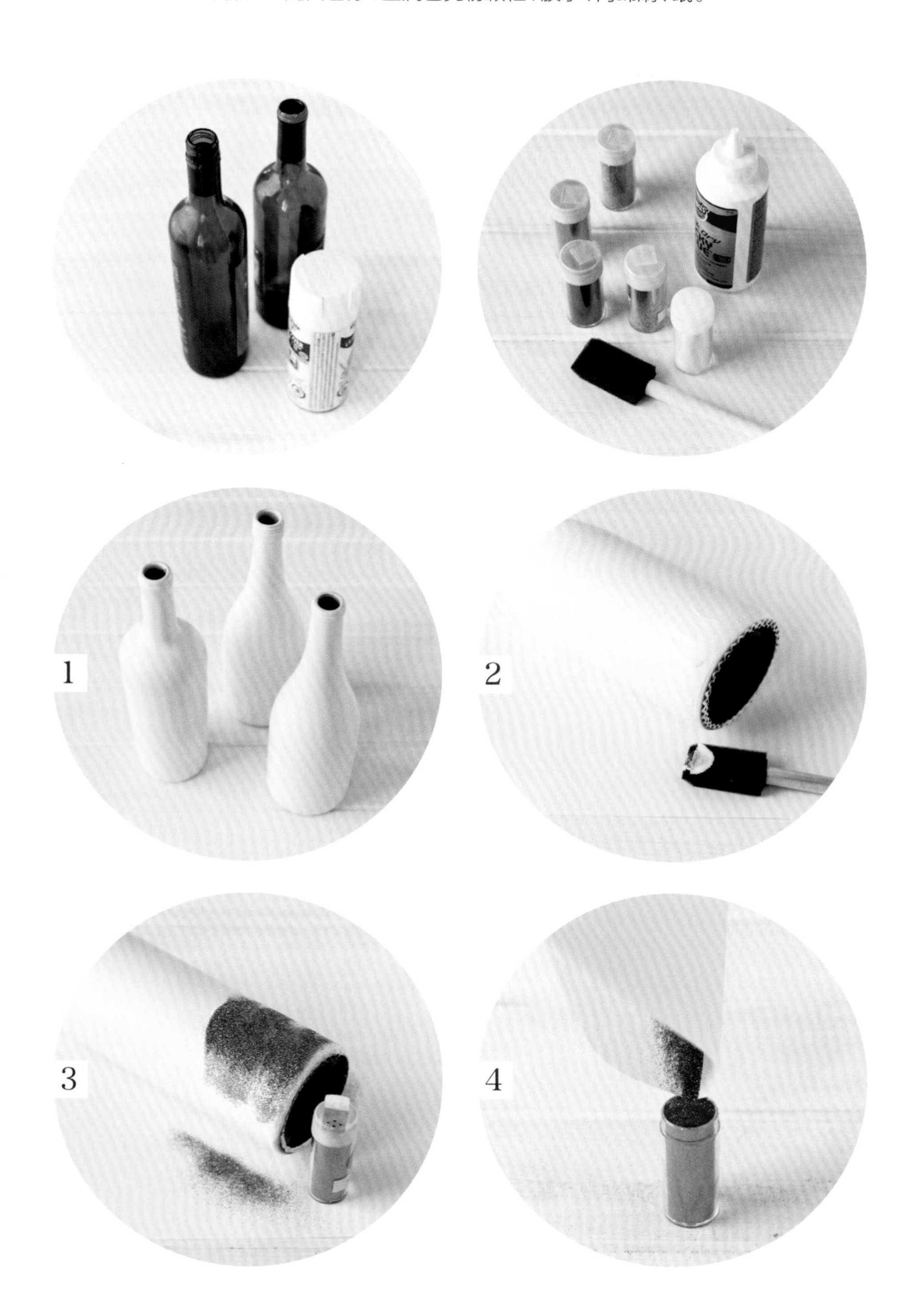

1. 冲洗酒瓶，去掉所有标签和残留物。晾干后喷涂上哑光白色漆。诀窍：哑光漆会让酒瓶看起来更像陶器，而不是光滑质地的瓷器。至少喷涂两层，确保漆彻底干后再喷涂，这样酒瓶看起来会更光滑。

2. 待漆干后，在小范围涂上薄薄的一层胶水，然后粘上金属色亮粉颗粒。在粘金属色亮粉颗粒前先在酒瓶下垫一张纸。

3. 继续沿瓶身粘金属色亮粉颗粒。波浪形装饰会比直线更容易操作。

4. 将纸合拢，把多余的亮粉颗粒倒入容器中，留待日后使用。

Chapter 7 女性魅力风格

这一章我们将介绍一些特别为女性定制的、充满热情和情调的洛杉矶风格花饰。我们喜欢在家里、办公室甚至是衣橱里布置轻快的、令人愉悦的颜色，所以对这种风格一见如故，而且它能让人快乐！谁不喜欢快乐的感觉呢？

这种风格运用了大量从市场上淘来的色彩明快、充满活力的小物件，以及拥有醒目色块的华丽感十足的陶器。大胆明快的色彩、大量的金色以及温暖的中世纪木质器皿是这种活泼风格的标志性特点。这种活泼的女性风格绝不是为极简主义者准备的，它充满活力，对细节有着充分的关注——从对光线的把握到如何巧妙地将书摆放在架子和咖啡桌上等。我们使用各种色调的蓝色和紫色，以及柑橘类的橙色、红色和黄色，搭配色彩鲜艳的具有雕塑感的鲜花，比如莲蓬、飞燕草、粉色花毛茛、红色的荚莲花果、三角梅和各种兰花。这种风格风情万种，但不会过于甜美，亦不会过于大胆，她像是一位你最想拥有的朋友，一位时尚达人，亦是你的终极热爱。

如果你厌倦了墨守成规的用色，或者觉得自家的装潢有点俗气，那么这种风格会带来不错的效果。对于租户而言，这个风格也再好不过了。实际上，本章展示的都是租户的家，他们让暂时的居所有了个人特点，我们认为十分绝妙。其实，对于所有需要家装升级的客户，我们都建议他们向自然寻求帮助——鲜花和绿植，再配上简单实惠的装饰配件，便是最快也最轻松的小改造了。靠垫、香烛、茶几上的托盘及其他装饰品、市场上淘来的艺术品、别致的地毯……所有这些小小的用心汇聚到一起，丰富了空间的色彩，增添了质感以及个性，给人带来不同的情绪变化。谁不希望在家里营造特别的氛围呢？

本章我们介绍了许多装饰的小窍门，为了女孩子时尚的鸡尾酒会，我们还拿出了珍藏的香槟。此外，还介绍了一种独特的花器制作方法——如何用贴纸、喷漆来迅速制作神奇的玻璃花器。我们喜欢为家里制作一些装饰小物，希望大家也能试着制作本书中的所有 DIY 创意项目，如果时间不够，至少要试一下本章的贴纸喷漆玻璃瓶。我们保证你会喜欢的。

当你走进我们分享的这间“逍遥屋”里，肯定会忍不住微笑的，好好享受吧！我们邀请了一些时尚界的设计师朋友们打造了这些让人兴奋的洛杉矶风格室内案例，在翻阅它们时，你可以想想能为自己的家中带去些什么。

风情万种、炽热、活力、大胆，女性魅力风格不适合用色谨慎者！

颜色丰富的房间

沙发上这个有着醒目几何图案的靠枕启发了我设计这件插花作品的灵感。亮粉色、红色、紫色和绿色同房间里有相似色彩的物品相呼应，完美融合在一起。（左图）有时候艺术品也能启发插花作品的配色。深蓝色的瓷花瓶与旁边的艺术品完美地搭配在了一起。蓝色的飞燕草、洋红色的百日菊、酒红色的星芹及白色的马利筋让绘画作品中的颜色更加鲜活。黄色的文心兰起到了提亮的作用，也完美地呼应了枫木柜子。（下图）

沙发旁小桌上的这件插花作品也是受一旁这幅绘画作品的启发。花材直接借鉴了其明亮的色彩搭配，给这个房间增加了更多色彩上的冲击。

插着千日红、石蒜和大丽花的花瓶中加入了一些金色的纸屑，它们在水中闪闪发亮，为插花增添了些许魅力。

橙色的大丽花和紫色的三角梅使床头柜明亮了起来，配合毛茸茸的橙色抱枕，十分美好。（上图）

银莲花和深粉色的花毛莨给这处角落带来些许色彩。酒瓶上的橙色标签激发了我们的灵感，为这个复古风桌上的花束增加了一抹橙色。（上图）
松石蓝色的花瓶配上绿色的莲蓬及女贞果，与就餐区域的壁画和椅子完美匹配。（右图）

设计师的秘密

洛杉矶设计师艾米莉·亨德森的这间卧室用色大胆醒目。她的家装风格反映出她对复古风格的喜爱，以及她不同寻常的灵感。请注意观察，她大胆地利用了桃红色的吊灯和床尾的条纹薄毯来突出深蓝色天鹅绒床头架。大部分设计师在进行空间布局时会选择奇数个重点来突出展示，这个技巧在突出色彩方面同样奏效，不仅有助于防止空间出现大片留白，还能达到事半功倍的效果。铁线莲、大丽花、玫瑰、星芹及澳洲蜡梅花组成的小型插花放在床头柜上——这是房间里第三处桃红色，小巧但很醒目。

床板架上的环状花饰

我们非常喜欢这位来自洛杉矶的博主兼平面设计师布里·艾莫瑞的家，希望通过装点些与其迷人又活泼的个性相符合的俏皮可爱的鲜花，为她的卧室带来一些不一样的感觉。我们用到了黄色和粉色这两种她的特征色来制作花环，为床板架增添一些色彩，插花则摆在床头柜上，与摩洛哥风碎布地毯相呼应。

制作方法

用粗的绳线制作线圈，再用白色花用胶带包裹线圈。然后，再参照 P36~37制作小花束。这里我们使用了大丽花、薄荷、澳洲蜡梅花及黄色的多头月季。小花束的茎部用花用胶带绑在线圈上。重复制作出新的花束，依次绑在线圈上，直至完成。最后，用热熔胶将彩带固定在线圈上，然后用彩带包裹住花束的茎部，并松松地缠绕线圈。如果喜欢，可以让彩带垂下来一些。

书脊上的醒目图案、抱枕上的流苏给予了我们创造这束色彩明艳的插花的灵感

完美的配角

我们选取了粉色、洋红色、紫色及红色的花材，插在低矮的球形玻璃花瓶中。花色与墙壁上的画作巧妙呼应，透明的花瓶也避免了与台灯及插了几枝兰花的木质花瓶产生冲突。（右图）

和谐的配色

泛着蓝绿色光泽的花瓶中盛放着几枝红色的兰花，与架上的装饰画相互呼应，营造出柔和的效果。（下图）

大胆的选择

右图展示了如何让醒目的插花与艺术品完美融合。银色的尤加利、奶白色的花毛茛和白色的花瓶，同后方的艺术品相呼应，鲜红色的大丽花和浆果增加了色彩的视觉冲击力。

黄色的鲜花和金色的工艺品让书架色调和谐统一

在混搭中寻找平衡

这件大型插花作品向我们展现了不同色彩、形态的花材也可以很完美地搭配在一起。首先，使用线状花（这里用的是具有雕塑感的黄色文心兰）增加高度；然后，加入深紫色的铁线莲来增加体积和动感；最后，把目光聚焦到主花——洋红色的圆形大丽花上。花瓶边缘点缀些许黄色的黄金球，一方面突出了黄色的文心兰，另一方面也使插花达到平衡。

The Vintage Home JUDITH WILSON
MODERN PAPER CRAFTS Van Sicklen
DECORATE workshop
AT HOME WITH white ATLANTA BARTLETT
The Surreal Calder

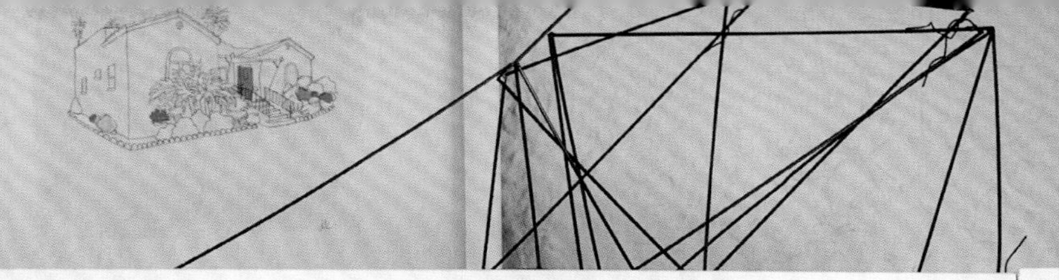

ART AT THE TURN OF THE MILLENNIUM
TASCHEN
AT HOME IN Turkey
SOLVI DOS SANTOS · SERKAN TOROLSAN
New Paris Interiors

domino THE BOOK of DECORATING
JONATHAN ADLER
MY PRESCRIPTION FOR ANTI-DEPRESSIVE LIVING
COLOR CHART: Reinventing Color, 1950 to Today
MoMA

女孩们的派对时间

我们常说，要活在当下，来场说走就走的旅行，何不创造一些无须大费周章也能与所爱之人共度难忘时光的美好记忆呢？仅需奶酪、面包、水果和鲜花就可以在短时间内筹办一场轻松的周末晚会派对。我们选择了洋红色的银莲花、黄色和洋红色的多头月季、紫色的澳洲蜡梅花、粉色大丽花、黄色花毛茛，以及新鲜的薄荷。它们鲜艳的色彩能够很好地烘托和强调地毯的美丽色调。小花束插在金光闪闪的摩洛哥风玻璃茶杯中，蜡烛散布于鲜花之间，使得桌子中间的镀金笼子更具吸引力。笼子下面有瓷质底座，上面同样摆满了鲜花。

色彩组合

当你没有时间构思复杂的色彩组合时，将同一种色调的鲜花组合成小花束是个快速且不会失误的方法。这些洋红色的银莲花很漂亮，聚在一起呈现出一种华丽的视觉效果。（上图）餐车上的薄荷给此处增添了一抹亮色，让人禁不住想调制一杯莫吉托。（下图）

创意插花组合

由亚历山德罗 · 杜比尼设计的这个带有瓷质底座的镀金笼子颇为别致，令人印象深刻。犹如钟罩的可爱化身，能将一朵大丽花、一些多头月季，以及一杯薄荷有趣地组合起来。

创意小“花”招

聚会上杯子很容易就放乱了。一个小创意就是用彩带把鲜花绑在杯脚。要想更加耀眼，可以再加一片假金叶或是其他迷人的小物件。

要来一杯鸡尾酒吗？

DIY 创意

贴纸喷漆玻璃瓶

花材：

★大丽花

★勿忘我

★菊花

★薄荷

所需材料：

玻璃花瓶、贴纸、纸胶带、金色喷漆。

方法

1. 将花瓶清洗干净，晾干，装饰上贴纸或胶带，做成你想要的效果。左页图的三个花瓶我们分别用了纸胶带来制作条纹、随机粘贴星形贴纸来创造有趣的图案，以及用字母贴纸拼出“HELLO”字样。

2. 用金色喷漆喷涂花瓶的外部。均匀喷涂，最好喷涂两遍，并确保再次喷涂前上一次喷漆已经干透。

3. 小心粘上贴纸。这种装饰外表是不防水的，所以在注水和清理时需要小心操作。

36

Chapter 8 黑白风格

黑白风格的设计极具个性与特色。我们喜欢看到设计师们给房间注入大胆的印花和图案，或是将一面墙或者一件家具漆成黑色。不得不承认，有些时候，我们需要暂时逃离这多彩的世界，沉浸于单色调的环境中调整状态。要想正确使用这种风格，尤其需要注重细节，这也正是我们被它吸引的原因——我们非常痴迷于对完美细节的把控，并热爱探索混合图形时的无穷乐趣。问题是，如果你对这些颜色没有足够的喜爱，那如何让鲜花契合这个主题呢？

在黑白风格的插花中，我们只需要用到少数颜色——一点黄色和紫色就足够。我们希望把重点放在用白色花材及绿色枝叶将室外的风景引入室内的主题上。对那些并不热衷于色彩但却依然希望能将鲜花融入生活的人而言，这是最佳途径。

本章我们将展示一种更具图形化、更有机的黑白风格——北欧风格。单色风格也能多变，许多这类的设计看起来十分现代与极简，但是这章所要展示的是符合我们当下特点的风格与理念。我们喜欢用木头来营造暖和、舒适的氛围，同样也喜欢用配饰、织物及艺术品来丰富层次感。这种风格不再是去关注魅力和完美，更多的是融入自然。听起来是不是不那么奇怪了，反而很有吸引力——这一定不是你想象中的黑白风格吧？

本章我们将分享一些来自三个不同的地方的设计，向大家展示这些设计达人是如何利用有限的色彩来创造不同的观感。我们为情侣们设计了一个浪漫的周年晚宴，你可以试着融入自己的特色重新设计，甚至把晚宴的规模降到仅有两个人。本章的 DIY 创意既有趣又用途多样，所需的材料很少且可以快速完成，希望你们能够加入自己的创意，随意发挥。

层次感、自然风、北欧风、灵动、简约，这是我们见过的最温暖舒适的黑白风格。希望大家能积极探索，不管是情绪板、晚宴或是居家设计，请尽情大胆地尝试吧！

OXOXO
8
36
IN THE CITY
Flower

一小束鲜花足以让自然之美跃然架上

把花饰挂起来！

用小花朵、彩带及一条碎布就能快速地制作出一个环状花饰，装饰在门口或镜子上，也可以将环状花饰放在桌子中间。小诀窍：如果活动时间较短，用真花装饰效果更佳，要是想要装饰得久些，就用仿真花吧。

钟形花饰

尽管鲜花在玻璃罩内会很快枯萎，但我们还是很喜欢它们在钟形玻璃罩下的样子。这个插花造型很精致，当客人只是短暂地停留几小时的时候，它是很好的选择。下次插花时可以试着用些满天星，这种花材很有亲和力，同时，用它来打底也很漂亮。

黑白旋律

一层油漆和一点想象力就可以轻松打造永不过时的黑白配造型。这个复古的、充满新艺术风格的柜子的柜门被漆成了黑板。抽屉也被重新设计，作为情绪板挂在墙上，用来展示照片。放在钟形玻璃罩里的鲜花和修长花瓶里的插花打造出高低差，一束新鲜绿植让这个角落变得完美。

育婴房里的鲜花

细长花瓶中的一朵尖尖的白色大丽花及旁边一小束白色的郁金香让这间黑白色调的育婴室有了一丝自然的感觉。同时，浅浅的一抹绿色也平衡了房间里强烈对比形成的视觉落差。鲜花能让育婴室的氛围变得甜蜜、可爱，但这里有一些注意事项：首先，最好是选择无香味的鲜花，因为香味有可能会导致婴儿食欲下降，也可能影响婴儿的嗅觉；其次，确保鲜花无花粉，因为有些婴儿对此很敏感；再次，每天换水以保持花的新鲜状态，花一旦开始枯萎，就要扔掉；最后，还要记住一点，那就是“少即是多”，通常，只需要一朵或一小束鲜花就够了。

极具艺术感的插花造型
让简洁的空间灵动起来

怒放的鲜花

大多数喜欢黑白风格的人并不喜欢在他们的书桌上摆放具有浪漫气息、做作的插花。紫色大花葱，表面毛茸茸的，就像正在盛开的烟花被冻住一样，完美搭配了这个工作场所。鲜花总有特殊的魅力，增添空间的质感，给人们带来活力。

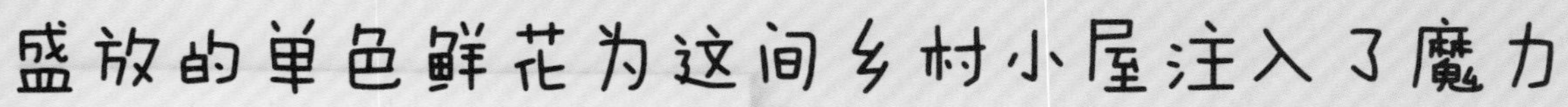

盛放的单色鲜花为这间乡村小屋注入了魔力

单色的魅力

市面上可供选择的黑白色装饰品很多，逛一下商店或敲几下键盘就能找到合适的选择。平面设计师塔拉·赫斯特对出自黛比·卡洛斯的这幅瀑布状鲜花画作一见钟情，将它挂于餐厅复古木质桌子的上方，尤为醒目。为了不抢它的风头，设计师仅仅装饰了一束白色醉鱼草以增添轻柔的感觉，但整体的层次和质感立刻丰富细腻了起来。

香氛与心情

用鲜花装饰厨房时，可以选择装饰性强且可食用的香草，或者香味不会过于浓烈的鲜花，以免影响备餐。非洲菊是个不错的选择，它们随处可见，且能够营造愉快且充满活力的氛围。还有一些无香味的鲜花，我们推荐向日葵、欧芹、大丽花、郁金香、花毛茛、天竺葵、银莲花、康乃馨、洋桔梗、绣球以及大多数兰花。

把自然气息带回家

这是网络博主维多利亚·史密斯的家中一角，黑色的陶瓷水壶中，白色的鸢尾花、斑叶大戟和白色千日红像是要溢出来一样，让人眼前一亮。大胆搭配绿植和鲜花吧，毕竟它们是黑白色最好的朋友。

以一餐浪漫的宴会表达爱意

每一个装饰创意都源于某个启发它的灵感。阿耐·雅各布森设计的这组瓷杯便是这个周年纪念宴会布置的灵感来源。我们选了四个瓷杯，其中两个带“X”字样，两个带“O”字样。在英语中，“X”代表亲吻，“O”代表拥抱，我们以此来表达爱和友谊。瓷杯里摆放着优雅的马蹄莲和紫色的女贞果，一起放在了黑色的金属托盘上。托盘里撒上了亮片，还摆了几个用带图案的纸胶带包裹的茶蜡。桌布和餐具是丹麦家居设计品牌家居医生的，特地选的白色来呼应黑白主题。餐具上系着黑色彩带，餐巾用银色彩带装饰，还系了个“X”结。台卡用折叠卡纸做成，上面印着图章，盘子里卷曲的银色彩带增添了些许闪光质感。

幕后故事

在装饰时，为了保持空间的连贯性，只需要加一点点黑色和白色就能起到很好的衔接作用。灯罩原本是白色的，但是闪闪发亮的黑色缎带和一朵花就能让它焕然一新。为了反射烛光，营造浪漫的氛围，这里还布置了一面挂镜。然后，将自己喜欢的照片贴在墙上。这样，无须额外花费就可以添加黑色与白色元素。餐桌上，黑色的蜡烛取代了常用的白色蜡烛，女贞果枝条绑在蜡烛的底部，更有节日的感觉。装饰的时候，不要只把注意力放在桌面上，相信你会对自己的作品感到惊喜的！

DIY 创意
印花纸袋

花材：

★六出花

★多头菊花

★菊花

所需材料：

纸袋、剪刀、果酱罐、橡皮图章、印台、笔、颜料。

1. 依照个人喜好用不同的印章创作一个整体的图案，或者用一个印章创作视觉冲击感强烈的图案。

2. 用笔和颜料在纸袋两面手绘简单的图案。

3. 待墨迹或颜料完全干透后，打开纸袋放入一个果酱罐装水。如果喜欢，可以修剪纸袋的边缘，让其刚好比果酱罐高一点，这样鲜花就可以从纸袋顶部显露出来。

最爱的植物

这里分享一些我们最喜爱的植物，以及关于在家使用它们的小诀窍。

★蓍草可以为插花作品提供浓密的质感。我们喜欢用黄色和白色的品种作为填充花材，也喜欢用白色的多叶蓍及其细小的花朵来体现流动感。

★大花葱是圆球状的紫色花，是一种非常棒的鲜切花材。我们喜欢把它们单独插到高大的花瓶里，这样就可以欣赏到它们完美的形态之美了。

★六出花因为太常见而常被人忽视。然而，将一大把白色的六出花插在高大而透明的花瓶中，效果好得惊人。六出花比较实惠，而且没有香味，非常适合在招待客人时装饰。深酒红色的六出花能给花束带来戏剧性的效果。

★银莲花，花瓣大多是浓郁的蓝宝石色，花心是黑色的。这种搭配使得银莲花非常醒目。插一束在闪闪发光的玻璃花瓶中，极富魅力。

★紫菀，是常见的鲜切花。它能为你的作品增加色彩。我们尤其喜欢淡紫色、亮粉色及白色的紫菀。

★落新妇能够提供毛茸茸的质感。我们喜欢用奶白色和淡粉色的品种来制作乡间风格的插花。

★星芹在花店里并不常见，但是我们也可以轻松订购到。它们是非常可爱的鲜切花，茎直，有银白色和浅酒红色的。

★菊花是花店里另一种常见的花。我们喜欢用大型的白色菊花来制作插花。

★欧芹是扁平的伞状白花，像野草一样生长。一大束欧芹插在高大的圆柱形花瓶里真的很漂亮。它们轻柔的样子引人注目，适合用在白天的活动。

★大丽花，花朵大小不一。大的如我们在“地中海风格”那章中使用的‘牛奶咖啡’，小的如“活力色彩风格”一章中使用的小球状的‘雄心壮志’。大丽花在一大束插花中很好看，单独摆放效果也很不错。

★飞燕草，有着高大的花茎，花朵多为深蓝色，也有淡蓝色和白色的品种。修长的形态使得飞燕草非常适合用来增加插花的高度和质感。我们喜欢把它和圆形的大丽花一起搭配使用。

★月季既古老又现代，比如‘戴维·奥斯汀’非常适合用来插花。其芬芳的气味和多重的花瓣使其成为重大场合及庆祝活动的常客。单看就已经很好看，搭配其他鲜花更是惊艳。

★绣球的花朵很大，也是家居常用花材。五枝绣球简单地插在大牛奶壶里就很好看。其漂亮的蓝色很难被复制。我们也喜欢用白色的品种，用它们来打造枕状花堆尤其漂亮。

★薰衣草的加入，会让插花作品看起来格外新鲜，像是一个小型的花园。它的烹饪史和药用史都很长，特别适合用于厨房插花或者制作成小花束摆在浴缸旁边。

★珍珠菜开白花，其由粗变细的花穗深受我们喜爱。当插花作品中大部分花都是圆形的时，珍珠菜能提供有趣的形态和观感。

★石蒜能为插花增添一抹别样的风情。我们通常使用淡粉色和白色的品种，当然也有颜色特别浓艳的。它是一种特别优秀的鲜切花，保鲜期长。从茎上摘下后放在漂亮的浅底碗中，看起来特别雅致。

★兰花也能为插花作品增添别样风情，同样是一种保鲜期长的优秀鲜切花材。本书中我们使用了紫色、白色及锈红色的石斛兰和文心兰。它们单看时很优雅，用在大型插花作品中，也能带来预想不到的色彩冲击。

★牡丹，同古老的玫瑰一样让人为之惊叹。也许是因为它们的花瓣，又或是那若有若无的芳香。在牡丹盛开的季节，我们可以买到许多不同的品种。

★虞美人色彩绚丽，形态优雅，是特别漂亮的鲜切花材。我们喜欢其不同寻常的花茎和花苞。那波浪状的花瓣简直让人欲罢不能。

★花毛茛花色繁多，从浓郁的深红色到淡粉色、白色。起皱的花瓣很好看。花头比玫瑰和牡丹小，因而更容易和其他花材组合。花毛茛没有香味，非常适合插在漂亮的杯子里，摆在餐桌上。

★蓝盆花非常适合用作鲜切花。其略微弯曲的花茎可作为插花的独特要素。花色通常有可爱的奶白色、淡蓝色、淡紫色，也有夸张到看起来几乎是黑色的酒红色。

★景天，多肉植物，它们的茎和叶都有较厚的蜡质层，是有趣、可爱的鲜切花材，小花一簇簇地开，形成了漂亮的色彩堆积。我们通常使用绿色和粉色的景天，最喜欢的品种为‘秋日快乐’。

★一枝黄花，还有鼠尾草，形态都与落新妇很像。我们喜欢一枝黄花是因为其独特的亮黄色。茎直，可用作填充花材，与白色的花和绿植搭配效果极好。

★郁金香是另一种我们喜欢使用的常见花卉，因为容易获得，且颜色特别。我们喜欢使用双色调的鹦鹉郁金香，以及浅桃色的、亮黄色的、双色调淡粉色的、白色的和深紫色的品种。

我们喜欢的可食用鲜花

注意：可食用鲜花要选择以有机或生态方式种植的，且只使用花瓣，或去掉茎部、雄蕊和雌蕊的花朵。

★苹果花
★金盏花
★康乃馨
★洋甘菊
★细香葱
★菊花
★雏菊
★蒲公英
★天竺葵（有香味的）
★薰衣草
★柠檬花
★万寿菊
★丁香
★旱金莲
★兰花
★三色堇
★玫瑰
★向日葵
★堇菜

致谢

摄影

除以下说明，照片均由莱斯利·谢林拍摄。
Laure Joliet：P16、P86~88、P90（上图）、P91、P94~95、P110（左图和右图）、P111（左图和右图）、P114~123、P126（中图）、P130、P134、P135（右中图和左下图）
Janis Nicolay：P3、P6（右图）、P43、P48~49、P53（中图）、P58~59、P62~65、P68(左图和右图)、P69(左图和右图)、P72~79、P98(左图和右图)、P99(中图和右图)、P102~103、P105~107、P132
Thorsten Becker：P6（左图）、P131（上图和下图）、P136~137
Holly Becker：P47（中图）、P111（中图）、P131（中图）

模特

Bri Emery：P122~123
Jessica Senti：P64
Caitlin Sheehan：P3、P141
Sienna Sheehan：P53（右图）

地点提供

拍摄地点主要在我们位于加拿大维多利亚市的工作室。除此之外，还有一些位于北美地区的漂亮住宅，由以下房主提供。在此对各位表示衷心的感谢。
Rachel Ashwell
Kate Campbell
Donato & Mariana D'Amici
Bri Emery
Joanna Fletcher
Emily Henderson
Tara Hurst
Kate Horsman
Nancy Riesco
Victoria Smith

道具提供

感谢以下朋友及公司提供的道具支持。

Megan Close：The Cross

Tina Pedersen：Agentur Pedersen

House Doctor

Charlotte Hedeman Guéniau：Rice

画作提供

P55、P64~65：Zoe Pawlak

P71：Perry Kavitz

P72：Rifle Paper Co

P74：Leanda Xavian（左上图）、Step Back（中上图）、Elizabeth Bauman（右上图）、L. Minato（中图）、Third Drawer Down（右下图）、Perry Kavitz（中下图）

P75：Perry Kavitz

P77：Leah Macfarlane

P79：A. Stubbs（上图）

P85、P88：Hilda Grahnat、Allison Long Hardy

P95：Jake Ashwell

P101、P107：Jennifer Ramos

P113~114：Penine Hart

P115：Joyce Lee

P118~119：Michelle Armas

P121：Danielle Krysa、Happy Red Fish

P122~123：Max Wanger

P126、P129~130：Lisa Congdon

P132：Mariana D'Amici（上中图）、World of Maps（左下图）、Kardz Couture（右下图）

P135：Debbie Ramos

来自霍莉的致谢

在写作此书时，我正怀着第一个孩子，所以我把孕期大量的能量和快乐投入了创作中。因此要特别感谢你——我亲爱的宝宝、我的灵感女神。你爸爸和我都迫不及待地想要与你分享我们的生活。

感谢我贴心的丈夫托尔斯滕，是你的爱与支持，让我没有后顾之忧，全心投入作品之中。

我还要感谢我亲爱的朋友以及我的博客网站“decor8”的粉丝们，谢谢你们的支持，让我有了追寻职业梦想的力量。

感谢美国编年出版社及劳拉·李·马丁利、杰基·斯莫尔对我们的信任并给予我们出版此书的机会。感谢本书的设计师海伦·布拉特比，谢谢你在创作全过程的无尽耐心、创意及技术支持；谢谢编辑希安·帕克豪斯，是你让我们的想法变成了现实。

谢谢丽贝卡·弗里德曼一路以来的支持，谢谢我的助理杰西·森蒂；谢谢劳雷·乔利埃特和贾尼斯·尼古拉为本书拍摄出色的照片；还要由衷地感谢房主们，谢谢你们让我们在你们家里增添花的力量。

谢谢莱斯利·谢林，谢谢你所做的一切，是你让这本书变得如此鲜活、立体。因为有你的存在，我的生活才会如此精彩而美好！

来自莱斯利的致谢

这是我的第一本书，我要感谢所有为这本书付出过的朋友们。

首先，我要感谢我的母亲——安纪子，是您点亮了我的艺术创作之路，并让我在这条路上走得如此轻松。您的爱、慷慨和支持每天都激励着我。

谢谢你，霍莉·贝克尔。感谢你一直为我着想，给予我帮助。你就像是我的伯乐，在我还未意识到我的长处之前，便精准地指引我努力的方向。

谢谢杰基·斯莫尔，感谢你给我提供了这个机会。你有一个很好的团队，与他们共事非常愉快。特别是我们的编辑希安·帕克豪斯，谢谢你的指导；设计师海伦·布拉特比，谢谢你的支持与绝妙的设计，希望能有机会再次与你合作。

谢谢劳雷·乔利埃特和贾尼斯·尼古拉的配合，能够与你们共事是我的幸运。谢谢杰西·森蒂在渥太华给予的帮助。谢谢凯特琳，你总是挺身而出——要么是为这本书充当模特，要么帮我们照顾孩子。谢谢我的好姐妹戴安娜，非常感谢你在此项目过程中一而再再而三地向我伸出援助之手。

谢谢西恩纳和帕克，谢谢你们体谅妈妈的忙碌。当然，还要感谢丹——你让一切成为可能，并让其变得更好。